省级规划教材

化工专业综合实验

主　编　金俊成

副主编　孙传伯　王寅嵩

合肥工业大学出版社

前　言

　　本书从化学工程学科发展和对相关实验教育所提出的要求出发，结合大多高校现有设备，构建教学内容框架，突出现代化学工程从单元技术研究向化工产品为对象的综合技术研究转变的特点。依据重视基础概念，加强技能训练，提高过程综合能力的教学思路。

　　按照专业领域全书共分为 4 个单元模块，分别为专业基础训练模块、分离反应工程模块、实训化工模块、反应工程模块。实验内容既包括典型物系的测定分析，又包括运用科学原理解决实际工程问题。包括化工专业有关的实验技能：温度、压力和流量等精确测量方法，加热、冷却及恒温方法，混合物组成或纯度的各种分析方法；相平衡和其它热力学数据测量方法；传递过程数据测量方法；混合物分离方法；反应动力学数据测定方法和气—固、液—固以及气—液—固催化反应技术；部分化学物质的制备技术等内容。

　　通过学习本书能使学生能更加深入地理解所学化工专业理论知识，熟悉和正确使用化工专业实验室中常用的仪器和设备；掌握化工专业实验技能，实验数据的处理方法以及工程实验的设计和组织方法；熟悉实验室安全技术，提高学生的实验动手能力、观察能力以及分析问题和解决问题的能力；培养和建立工程与工艺相结合的观点和经济学的观点以及考虑和处理工程实际问题的能力。

　　本书在组织和编写过程中，得到了皖西学院本科教学工程项目（2014yc02）、安徽省高校自然科学基金项目（KJ103762015B15）、皖西学院卓越酿造工程项目（2016wxxy35）和皖西学院教学研究项目（2016wxxy64）的支撑，特此致谢。

本书由皖西学院金俊成老师（实验一、二、三、六、九、十二、十八、二十一、二十二）、王寅嵩老师（实验四、五、七、八、十三、十四、十九、二十五）、孙传伯老师（实验十、十一、十五、十六、十七、二十、二十三、二十四）编写。可作为高等学校化工和相关专业本科生的教材，也可供有关专业的教学工作者、科学工作者和工程技术人员参考使用。

鉴于编者水平有限，书中难免会有错误或不妥之处，恳请读者不吝赐教，敬请提出宝贵意见。

编　者

2017 年 6 月

目　录

实验一　　离心泵特性曲线测定

为什么？

离心泵是输送液体的常用仪器，在实际生产中选用一台既能满足生产需要，又经济适用的离心泵，要根据生产的要求（压头和流量），然后参照泵的性能来合理地选择和配备水泵的台数。离心泵的主要性能参数有流量 Q、扬程 H、轴功率 N 及效率 η。因此要正确选择和使用离心泵就必须掌握流量变化时，离心泵的压头、功率以及效率的变化规律，即测量离心泵的特性曲线。然而由于泵内部流动情况复杂，不能用理论方法推导出泵的特性关系曲线，因此只能依靠实验进行测定。

一、实验目的

（1）了解离心泵的结构与特性，熟悉离心泵的操作方法；

（2）掌握离心泵在一定转速下特性曲线测定的方法；

（3）了解电动调节阀以及相关仪表的工作原理和使用方法。

二、基本原理

离心泵的特性曲线是在恒定转速下泵的扬程 H、轴功率 N 及效率 η 与泵的流量 Q 之间的关系曲线。用实验方法测出离心泵在一定转速下的 Q、H、N、η，并做出 $H\text{-}Q$、$N\text{-}Q$、$\eta\text{-}Q$ 曲线，即离心泵的特性曲线。

1. 扬程 H 的测定与计算（m）

取离心泵进口真空表和出口压力表处为 1、2 两截面，由伯努利方程：

$$z_1 + \frac{p_1}{\rho g} + \frac{u_1^2}{2g} + H = z_2 + \frac{p_2}{\rho g} + \frac{u_2^2}{2g} + \sum h_f \qquad (1-1)$$

由于两截面间的管长较短，通常可忽略阻力项，速度平方差也很小故可忽略，则有

$$H = (z_2 - z_1) + \frac{p_2 - p_1}{\rho g}$$

$$= H_0 + H_1(表值) + H_2 \qquad (1-2)$$

式中：$H_0 = z_2 - z_1$ —— 表示泵出口和进口间的位差，单位：m；

   P —— 流体密度，kg/m^3；

   g —— 重力加速度，m/s^2；

   p_1、p_2 —— 分别为泵进、出口的真空度和表压，Pa；

   H_1、H_2 —— 分别为泵进、出口的真空度和表压对应的压头，m；

   u_1、u_2 —— 分别为泵进、出口的流速，m/s；

   z_1、z_2 —— 分别为真空表、压力表的安装高度，m。

由上式可知，只要直接读出真空表和压力表上的数值，及两表的安装高度差，就可计算出泵的扬程。

2. 轴功率 N 的测量与计算

$$N = N_电 \times k \qquad (1-3)$$

其中，N 电为电功率表显示值；k 代表电机传动效率，在这里 $k = 0.95$。

3. 效率 η 的计算

泵的效率 η 是泵的有效功率 Ne 与轴功率 N 的比值。有效功率 Ne 是单位时间内流体经过泵时所获得的实际功，轴功率 N 是单位时间内泵轴从电机得到的功，两者差异反映了水力损失、容积损失和机械损失的大小。

泵的有效功率 Ne 可用下式计算：

$$Ne = HQ\rho g \qquad (1-4)$$

故泵效率为

$$\eta = \frac{HQ\rho g}{N} \times 100\% \qquad (1-5)$$

4. 转速改变时的换算

泵的特性曲线是由定转速下的实验测定所得。但是，实际上感应电动机在转矩改变时，由于管道阻力等原因其转速会有变化，这样随着流量 Q 的变化，转速 n 将有所差异。因此在绘制特性曲线之前，须将实测数据换算为某一定转速 n' 下（本实验离心泵的额定转速为 $2900rpm$）的数据。换算关系如下：

流量 $$Q' = Q\frac{n'}{n} \qquad (1-6)$$

扬程 $$H' = H\left(\frac{n'}{n}\right)^2 \qquad (1-7)$$

轴功率 $$N' = N\left(\frac{n'}{n}\right)^3 \qquad (1-8)$$

效率
$$\eta' = \frac{Q'H'\rho g}{N'} = \frac{QH\rho g}{N} = \eta \qquad (1-9)$$

三、实验装置

离心泵特性曲线测定装置流程图如下：

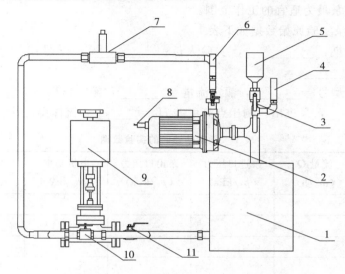

图 1-1　实验装置流程示意图

1—水箱；2—离心泵；3—温度传感器；4—泵进口压力传感器；

5—灌泵口；6—泵出口压力传感器；7—涡轮流量计；8—转速传感器；

9—电动调节阀；10—旁路闸阀；11—管路进水阀

四、实验步骤

（1）清洗水箱，并加装约 3/4 高度的实验用水。通过灌泵口给离心泵灌水以排出泵内气体。

（2）检查各阀门开度和仪表自检情况，试开状态下检查电机和离心泵是否正常运转。开启离心泵之前先将管路进水阀 11 打开，电动调节阀 9 的开度开到 0，当泵达到额定转速后方可逐步调节电动调节阀的开度。

（3）实验时，通过逐渐增加电动调节阀 9 的开度以增大流量，等各仪表读数显示稳定后，记录相应数据。离心泵特性实验主要获取实验数据为：流量 Q、泵进口压力 P_1、泵出口压力 P_2、电机功率 $N_电$、泵转速 n，及流体温度 t。

（4）测取 10-15 组数据后，先将出口阀关闭，再停泵。同时记录下设备的相关数据（如离心泵型号，额定流量、额定转速、扬程和功率等）。

（5）旁路闸阀 10 目的是在电动调节阀失灵的时候做"替补"，其工业上应用广泛，保证了装置的正常实验。

五、数据处理与注意事项

1. 数据处理

实验要求分别绘制一定转速下的 $H \sim Q$、$N \sim Q$、$\eta \sim Q$ 曲线；分析实验结果，判断泵最为适宜的工作范围。

（1）记录实验原始数据如下表1：

实验日期：_____，实验人员：_____，学号：_____，装置号：_____。

离心泵型号 = _____，额定流量 = _____，额定扬程 = _____，额定功率 = _____，泵进出口测压点高度差 H_0 = _____，流体温度 t = _____。

表 1　额定转速时的实验数据

序号	流量 Q （m^3/h）	泵进口压力 （p_1/kPa）	泵出口压力 （p_2/kPa）	电机功率 （$N_电/kW$）	泵转速 n （r/min）

（2）根据原理部分的公式，按比例定律校核转速后，计算各流量下的泵扬程、轴功率和效率，见表2：

表 2　转速改变时换算的实验数据

序号	流量 Q'（m^3/h）	扬程 H'（m）	轴功率 N'（kW）	泵效率 η'（%）

2. 注意事项：

（1）一般每次实验前，均需对泵进行灌泵操作，防止离心泵气缚。同时注意定期对泵进行保养，防止叶轮被固体颗粒损坏。

（2）泵运转过程中，勿触碰泵主轴部分，因其高速转动，可能会缠绕并伤害身体接触部位。

（3）不要在出口阀关闭状态下（或者电动调节阀开度在0时）长时间使泵运转，一般不超过三分钟，否则泵中液体循环温度升高，易生气泡，使泵抽空。

六、思考题

（1）试从所测实验数据分析，离心泵在启动时为什么要关闭出口阀门？

（2）启动离心泵之前为什么要引水灌泵？如果灌泵后依然启动不起来，你认为可能的原因是什么？

（3）为什么用泵的出口阀门调节流量？这种方法有什么优缺点？是否还有其他方法调节流量？

（4）泵启动后，出口阀如果不开，压力表读数是否会逐渐上升？为什么？

（5）正常工作的离心泵，在其进口管路上安装阀门是否合理？为什么？

（6）试分析，用清水泵输送密度为1200kg/m³的盐水，在相同流量下你认为泵的压力是否变化？轴功率是否变化？

实验二　　恒压过滤实验

为什么？

过滤是生活中常见的一种现象，也是工业生产中重要的环节。通过测定有关的过滤参数，然后从技术和经济两方面进行综合分析，为工厂提供选型的技术依据，包括选择一种合适型号的过滤机，并确定滤框的数目；求出过滤机的生产能力和最大生产能力；确定最佳过滤时间；选择最适宜的操作条件等。

一、实验目的

（1）熟悉板框压滤机的构造和操作方法；

（2）通过学习恒压过滤实验，验证过滤基本理论；

（3）学会测定过滤常数 K、q_e、τ_e 及压缩性指数 s 的方法；

（4）了解过滤压力对过滤速率的影响。

二、基本原理

过滤是以某种多孔物质为介质来处理悬浮液以达到固、液分离目的的一种操作过程，是在外力的作用下，悬浮液中的流体通过固体颗粒层（即滤渣层）及多孔介质的孔道而固体颗粒被截留下来形成滤渣层，从而实现固、液分离。因此，过滤操作本质上是流体通过固体颗粒层的流动，而这个固体颗粒层（滤渣层）的厚度随着过滤的进行而不断增加，所以在恒压过滤操作中，过滤速度不断降低。

单位时间单位过滤面积内通过过滤介质的滤液量定义为过滤速度 u。除过滤推动力（压强差）Δp，滤饼厚度 L 外，还有滤饼和悬浮液的性质，悬浮液温度，过滤介质的阻力等是影响过滤速度的主要因素。

过滤时滤液流过滤渣和过滤介质的流动过程基本上处在层流流动范围内，因此，可利用流体通过固定床压降的简化模型，寻求滤液量与时间的关系，可得过滤速度计算式：

$$u = \frac{dV}{A\,d\tau} = \frac{dq}{d\tau} = \frac{A\Delta p^{(1-s)}}{\mu \cdot r \cdot C(V + V_e)} = \frac{A\Delta p^{(1-s)}}{\mu \cdot r' \cdot C'(V + V_e)} \qquad (2-1)$$

式中：u—— 过滤速度，m/s；

V—— 通过过滤介质的滤液量，m³；

A—— 过滤面积，m²；

τ—— 过滤时间，s；

q—— 通过单位面积过滤介质的滤液量，m³/m²；

Δp—— 过滤压力（表压）pa；

s—— 滤渣压缩性系数；

μ—— 滤液的粘度，Pa·s；

r—— 滤渣比阻，1/m²；

C—— 单位滤液体积的滤渣体积，m³/m³；

Ve—— 过滤介质的当量滤液体积，m³；

r'—— 滤渣比阻，m/kg；

C—— 单位滤液体积的滤渣质量，kg/m³。

对于一定的悬浮液，在恒温和恒压下过滤时，μ、r、C 和 Δp 都恒定，为此令：

$$K = \frac{2\Delta p^{(1-s)}}{\mu \cdot r \cdot C} \tag{2-2}$$

于是式（2-1）可改写为：

$$\frac{\mathrm{d}V}{\mathrm{d}\tau} = \frac{KA^2}{2(V + Ve)} \tag{2-3}$$

式中：K—— 过滤常数，由物料特性及过滤压差所决定。

将式（2-3）分离变量积分，整理得：

$$\int_{V_e}^{V+V_e} (V + V_e)\,\mathrm{d}(V + V_e) = \frac{1}{2}KA^2 \int_0^\tau \mathrm{d}\tau \tag{2-4}$$

即
$$V^2 + 2VV_e = KA^2\tau \tag{2-5}$$

将式（2-4）的积分极限改为从 0 到 V_e 和从 0 到 τ_e 积分，则：

$$V_e^2 = KA^2\tau_e \tag{2-6}$$

将式（2-5）和式（2-6）相加，可得：

$$(V + V_e)^2 = KA^2(\tau + \tau_e) \tag{2-7}$$

式中：τ_e—— 虚拟过滤时间，相当于滤出滤液量 V_e 所需时间，s。

再将式（2-7）微分，得：

$$2(V + V_e)\,\mathrm{d}V = KA^2\mathrm{d}\tau \tag{2-8}$$

将式(2-8)写成差分形式，则

$$\frac{\Delta\tau}{\Delta q} = \frac{2}{K}\bar{q} + \frac{2}{K}q_e \qquad (2-9)$$

式中： Δq—— 每次测定的单位过滤面积滤液体积（实验中一般等量分配），m^3/m^2；

$\Delta\tau$—— 每次测定的滤液体积 Δq 所对应的时间，s；

$\bar{q}$—— 相邻二个 q 值的平均值，m^3/m^2。

以 $\Delta\tau/\Delta q$ 为纵坐标，$\bar{q}$ 为横坐标将式(2-9)标绘成一直线，可得该直线的斜率和截距，

斜率： $S = \frac{2}{K}$，截距：$I = \frac{2}{K}q_e$

则，$K = \frac{2}{S}$，m^2/s；$q_e = \frac{KI}{2} = \frac{I}{S}$，$m^3$；$\tau_e = \frac{q_e^2}{K} = \frac{I^2}{KS^2}$，s

改变过滤压差 ΔP，可测得不同的 K 值，由 K 的定义式(2-2)两边取对数得：

$$\lg K = (1-s)\lg(\Delta p) + B \qquad (2-10)$$

在实验压差范围内，若 B 为常数，则 $\lg K \sim \lg(\Delta p)$ 的关系在直角坐标上应是一条直线，斜率为 $(1-s)$，可得滤饼压缩性指数 s。

三、实验装置

本实验装置有空压机、配料槽、压力料槽、板框过滤机，其流程如图2-1所示。

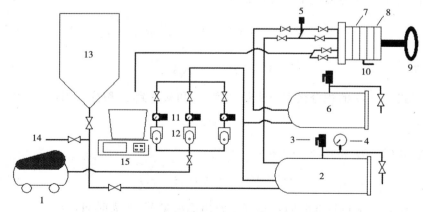

图 2-1 板框压滤机过滤流程

1—空压机；2—压力灌；3—安全阀；4—压力表；5—压力传感器；6—清水罐；7—滤框；8—滤板；
9—手轮；10—通孔切换阀；11—调压阀；12—电磁阀；13—配料罐；14—地沟；15—电子天平

$CaCO_3$ 的悬浮液在配料桶内配制一定浓度后，利用压差送入压力料槽中，用压缩空气加以搅拌使 $CaCO_3$ 不致沉降。同时利用压缩空气的压力将滤浆送入板框压滤机过滤，滤液流到电子天平处称量，压缩空气从压力料槽上排空管中排出。

板框压滤机的结构尺寸：框厚度 20mm，每个框过滤面积 $0.0177m^2$，框数 4 个。空气压缩机规格型号：风量 $0.06m^3/min$，最大气压 0.8MPa。

四、实验步骤

1. 实验准备

（1）检测设备中所有开关，使开关处于关闭状态，在实验过程中用到哪个开关打开哪个，以确保实验安全。

（2）配料：在配料罐内配制含 $CaCO_3$ 10％～30％（wt％）的水悬浮液，由天平称量碳酸钙质量，水位高度按标尺示意。配置时，应将配料罐底部阀门关闭（也可根据搅拌时气泡多少来判断所配浓度是否合适）。

（3）搅拌：开启空压机，在配料罐中通入压缩空气（空压机的出口小球阀保持半开，进入配料罐的两个阀门保持适当开度），使 $CaCO_3$ 悬浮液搅拌均匀。搅拌时，应将配料罐的顶盖合上。

（4）设定压力：分别打开进压力灌的三路阀门，空压机过来的压缩空气经各定值调节阀分别设定为 0.1MPa、0.2MPa 和 0.3MPa（出厂已设定，实验时不需要再调压。若欲作 0.3MPa 以上压力过滤，需调节压力罐安全阀）。设定定值调节阀时，压力灌泄压阀可略开。实验过程中为了安全，一般使用低压操作。

（5）装板框：正确装好滤板、滤框及滤布。滤布使用前用水浸湿，滤布要绷紧，不能起皱。滤布紧贴滤板，密封垫贴紧滤布。（注意：用螺旋压紧时，先慢慢转动手轮使板框合上，然后再压紧，注意不要压伤手指）。

（6）灌清水：向清水罐通入自来水，液面达视镜 2/3 高度左右。灌清水时，应将安全阀处的泄压阀打开。

（7）灌料：在压力罐泄压阀打开的情况下，打开配料罐和压力罐间的进料阀门，使料浆自动由配料桶流入压力罐至其视镜 2/3 左右，关闭进料阀门。

2. 过滤过程

（1）鼓泡：通压缩空气至压力罐，使容器内料浆不断搅拌。压力料槽的排气阀应不断排气，但又不能喷浆。

（2）过滤：将中间双面板下通孔切换阀打到通孔通路状态。打开进板框前料液进口的两个阀门，及出板框后清液出口球阀。此时，压力表显示的是过滤压力，清液出口流出滤液。在滤液从汇集管刚流出的时候作为每次实验的开始时刻，ΔV 每次取 $600 \sim 800\,\text{ml}$。同时记录相应的过滤时间 $\Delta\tau$。每个压力下，测量 $8 \sim 10$ 个读数即可停止实验。若欲得到干而厚的滤饼，则应在每个压力下做到没有清液流出。电子天平将测得的滤液质量数据传输给计算机，计算机将其转换成体积后显示在组态软件上。一个压力下的实验完成后，先打开泄压阀使压力罐泄压。卸下滤框、滤板、滤布进行清洗，清洗时注意不要折滤布。每次滤液及滤饼均收集在小桶内，滤饼弄细后重新倒入料浆桶内搅拌配料，进入下一个压力实验。注意若清水罐水不足，可补充一定水源，补水时仍应打开该罐的泄压阀。

3. 清洗过程

(1) 关闭板框过滤的进出阀门。将中间双面板下通孔切换阀开到通孔关闭状态(阀门手柄与滤板平行为过滤状态，垂直为清洗状态)。

(2) 打开清洗液进入板框的进出阀门(板框前两个进口阀，板框后一个出口阀)。此时，压力表显示的是清洗压力，清液出口流出清洗液。清洗液速度比同压力下过滤速度小很多。

(3) 清洗液流动约 $1\,\text{min}$，可观察混浊变化判断结束。一般物料可不进行清洗过程。结束清洗过程，将清洗液进出板框的阀门关闭，关闭定值调节阀后进气阀门。

4. 实验结束

(1) 先关闭空压机出口球阀，关闭空压机电源。

(2) 打开安全阀处泄压阀，使压力罐和清水罐泄压。

(3) 卸下滤框、滤板、滤布进行清洗，清洗时注意不要折滤布。

(4) 将压力罐内物料反压到配料罐内备下次使用，或将该二罐物料直接排空后用清水冲洗。

五、数据处理与注意事项

1. 滤饼常数 K 的求取

计算举例：以 $\Delta P = 1.0\,\text{kg/cm}^2$ 时的一组数据为例。

过滤面积 $A = 0.0177 \times 4 = 0.0708\,\text{m}^2$；

$\Delta V_1 = 637 \times 10^{-6}\,\text{m}^3$；$\Delta\tau_1 = 31.98\,\text{s}$；

$\Delta V_2 = 630 \times 10^{-6}\,\text{m}^3$；$\Delta\tau_2 = 35.67\,\text{s}$；

$\Delta q_1 = \Delta V_1/A = 637 \times 10^{-6}/0.0708 = 0.008997 \quad \text{m}^3/\text{m}^2$；

$\Delta q_2 = \Delta V_2/A = 630 \times 10^{-6}/0.0708 = 0.008898 \quad \text{m}^3/\text{m}^2$；

$\Delta\tau_1/\Delta q_1 = 31.98/0.008997 = 3554.518\,\text{s}\,\text{m}^2/\text{m}^3$；

$\Delta\tau_2/\Delta q_2 = 35.67/0.008898 = 4008.766\,\text{s}\,\text{m}^2/\text{m}^3$；

$q_0 = 0\,\text{m}^3/\text{m}^2$；

$q_1 = q_0 + \Delta q_1 = 0.008997 \mathrm{m}^3/\mathrm{m}^2$；

$q_2 = q_1 + \Delta q_2 = 0.017895 \mathrm{m}^3/\mathrm{m}^2$；

$\overline{q}_1 = (q_0 + q_1)/2 = 0.0044985 \mathrm{m}^3/\mathrm{m}^2$；

$\overline{q}_2 = (q_1 + q_2)/2 = 0.013446 \mathrm{m}^3/\mathrm{m}^2$；

依次算出多组 $\Delta\tau/\Delta q$ 及 $\overline{q}$；

在直角坐标系中绘制 $\Delta\tau/\Delta q \sim \overline{q}$ 的关系曲线，如图 2-2 所示，从该图中读出斜率可求得 K。不同压力下的 K 值列于表 1 中。

表 1　不同压力下的 K 值

$\Delta P(\mathrm{kg/cm}^2)$	过滤常数 $K(\mathrm{m}^2/\mathrm{s})$
1.0	8.524×10^{-5}
1.5	1.191×10^{-4}
2.0	1.486×10^{-4}

2. 滤饼压缩性指数 S 的求取

计算举例：在压力 $\Delta P = 1.0 \mathrm{kg/cm}^2$ 时的 $\Delta\tau/\Delta q \sim q$ 直线上，拟合得直线方程，根据斜率为 $2/K_3$，则 $K_3 = 0.00008524$。

将不同压力下测得的 K 值作 $\lg K \sim \lg \Delta P$ 曲线，如图 2-3 所示，也拟合得直线方程，根据斜率为 $(1-s)$，可计算得 $s = 0.198$。

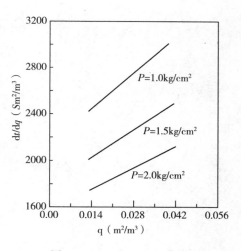

图 2-2　$\Delta\tau/\Delta q \sim q$ 曲线

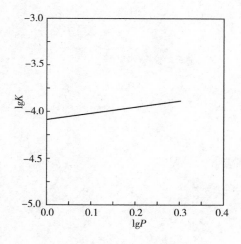

图 2-3　$\lg K \sim \lg \Delta p$ 曲线

六、思考题

(1) 板框过滤机的优缺点是什么？适用于什么场合？

(2) 板框压滤机的操作分哪几个阶段？

(3) 为什么过滤开始时，滤液常常有点浑浊，而过段时间后才变清？

(4) 影响过滤速率的主要因素有哪些？当你在某一恒压下所测得的 K、q_e、τ_e 值后，若将过滤压强提高一倍，问上述三个值将有何变化？

实验三　流体流型及
临界雷诺数的测定

为什么？

研究流体流动的型态，对于化学工程的理论和工程实践都具有决定性的意义。1883 年 Reynolds 首先在实验装置中观察到实际流体的流动存在两种不同型态——层流和湍流以及两种不同型态的转变过程。流体流动型态主要决定因素为流体的密度和粘度、流体流动的速度，以及设备的几何尺寸。本实验是通过雷诺试验装置，观察流体流动过程的不同流型及其转变过程，测定流型转变时的临界雷诺数。

一、实验目的

（1）观察流体在管内流动的两种不同流型。
（2）测定临界雷诺数 Re_c。

二、基本原理

流体流动有两种不同型态，层流（或称滞流，Laminar flow）和湍流（或称紊流，Turbulent flow），这一现象最早是雷诺（Reynolds）在 1883 年发现的。流体作层流流动时，其流体质点在管内作平行于管轴的直线运动，且在径向无脉动；流体作湍流流动时，其流体质点除沿管轴方向作向前运动外，还在径向有脉动，从而在宏观上显示出紊乱地向各个方向作不规则的运动。

雷诺准数（Re）可用来判断流体流动的型态，这是一个由各影响变量组合而成的无因次数群，故其值不会因采用不同的单位制而不同。但应当注意，数群中各物理量必须采用同一单位制。若流体在圆管内流动，则雷诺准数可用下式表示：

$$Re = \frac{du\rho}{\mu} \tag{3-1}$$

式中：Re—— 雷诺准数，无因次；

d—— 管子内径，m；

u—— 流体在管内的平均流速，m/s；

ρ—— 流体密度，kg/m³；

μ—— 流体粘度；Pa·s。

临界雷诺数是指层流转变为湍流时的雷诺数，用 Re 表示。工程上一般认为，若流体在直圆管内流动，当 $Re \leqslant 2000$ 时为层流；当 $Re > 4000$ 时，圆管内已形成湍流；当 Re 在 2000 至 4000 范围内，流动处于一种过渡状态，可能是层流也可能是湍流，或者是二者交替出现，这要视外界干扰而定，一般称雷诺数 Re 在这一范围为过渡区。

式(3-1)表明，对于一定温度的流体，在特定的圆管内流动，雷诺准数仅与流体流速有关。因此本实验通过改变流体在管内的速度，观察在不同雷诺准数下流体的流动型态。

三、实验装置

实验装置如图3-1所示。主要由玻璃试验导管、流量计、流量调节阀、低位贮水槽、循环水泵、稳压溢流水槽等部分组成，演示主管路为 $\varphi 20 \times 2\text{mm}$ 硬质玻璃。

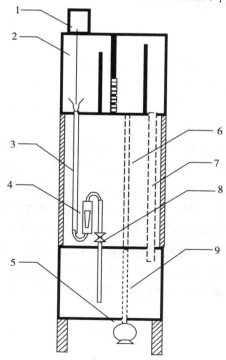

图3-1　流体流型演示实验

1—红墨水储槽；2—溢流稳压槽；3—实验管；4—转子流量计；

5—循环泵；6—上水管；7—溢流回水管；8—调节阀；9—贮水槽

实验前先将水充满低位贮水槽，关闭流量计后的调节阀，然后启动循环水泵。待水充满稳压溢流水槽后，开启流量计后的调节阀。水由稳压溢流水槽流经缓冲槽、试验导管和流量计，最后流回低位贮水槽。流量计和调节阀用来调节水流量的大小。

示踪剂采用红色墨水，它由红墨水贮瓶经连接管和细孔喷嘴，注入试验导管。细孔玻璃注射管（或注射针头）位于试验导管入口的轴线部位。

四、实验步骤

1. 层流流动型态

实验时，先少许开启调节阀，将流速调至所需要的值。再调节红墨水贮瓶的下口旋塞，并作精细调节，使红墨水的注入流速与试验导管中主体流体的流速相适应，一般略低于主体流体的流速为宜。待流动稳定后，记录主体流体的流量。此时，在试验导管的轴线上，就可观察到一条平直的红色细流，好像一根拉直的红线一样。

2. 湍流流动型态

缓慢地加大调节阀的开度，使水流量平稳地增大，玻璃导管内的流速也随之平稳地增大。此时可观察到，玻璃导管轴线上呈直线流动的红色细流，开始发生波动。随着流速的增大，红色细流的波动程度也随之增大，最后断裂成一段段的红色细流。当流速继续增大时，红墨水进入试验导管后立即呈烟雾状分散在整个导管内，进而迅速与主体水流混为一体，使整个管内流体染为红色，以致无法辨别红墨水的流线，即为湍流。

五、数据处理与注意事项

1. 数据处理

本实验要求每个流体流型即层流、过渡态、湍流各测量 2 组，共 6 组数据，见表 1。

表 1　流体流型及临界雷诺数

次数	现象	流量$(Q)/\mathrm{m}^3$	雷诺数(Re)	流体流型
1				
2				
3				
4				
5				
6				

2. 注意事项

（1）实验用的水应清洁，红墨水的密度应与水相当。

（2）实验装置要放置平稳，避免震动。

（3）整个实验过程中避免大声喧哗以及外界干扰等。

（4）注意湍流的状态，不要将过渡态误认为是湍流（湍流是呈烟雾状分散在整个导管内）。

六、思考题

（1）影响流体流型的因素有哪些？在实验中我们要注意些什么？

（2）产生实验误差的主要原因？

（3）雷诺数的物理意义是什么？

（4）有人说可以用流体流速来判断管中流体的形态，当流速低于某个值时为层流，高于某个值时为湍流，你认为这种说法是否正确，为什么？

实验四　流体流动阻力的测定

一、实验目的

（1）识辨组成管路的各种管件、阀门，并了解其作用。

（2）掌握测定流体流经直管、管件和阀门时阻力损失的一般实验方法。

（3）测定直管摩擦系数 λ 与雷诺准数 Re 的关系，验证在一般湍流区内 λ 与 Re 的关系曲线。

（4）测定流体流经管件、阀门时的局部阻力系数 ξ。

（5）学会倒 U 形压差计和涡轮流量计的使用方法。（可选）

二、基本原理

流体通过由直管、管件（如三通和弯头等）和阀门等组成的管路系统时，由于粘性剪应力和涡流应力的存在，要损失一定的机械能。

流体流经直管时所造成机械能损失称为直管阻力损失。流体通过管件、阀门时因流体运动方向和速度大小改变所引起的机械能损失称为局部阻力损失。

（一）直管阻力摩擦系数 λ 的测定

流体在水平等径直管中稳定流动时，阻力损失为：

$$h_f = \frac{\Delta p_f}{\rho} = \frac{p_1 - p_2}{\rho} = \lambda \frac{l}{d} \frac{u^2}{2} \qquad (4-1)$$

即

$$\lambda = \frac{2d\Delta p_f}{\rho l u^2} \qquad (4-2)$$

式中：λ——直管阻力摩擦系数，无因次；

　　d——直管内径，m；

Δp_f—— 流体流经 l 米直管的压力降，Pa；

h_f—— 单位质量流体流经直管的机械能损失，J/kg；

ρ—— 流体密度，kg/m³；

l—— 直管长度，m；

u—— 流体在管内流动的平均流速，m/s。

1. 流体层流时

$$\lambda = \frac{64}{Re} \tag{4-3}$$

其中

$$Re = \frac{du\rho}{\mu} \tag{4-4}$$

式中：Re—— 雷诺准数，无因次；

μ—— 流体粘度，kg/(m·s)。

2. 流体湍流时

λ 是雷诺准数 Re 和相对粗糙度(ε/d)的函数，须由实验确定。

由式 $\lambda = \dfrac{2d\Delta p_f}{\rho l u^2}$ 可知，欲测定 λ，需确定 l、d，测定 Δp_f、u、ρ、μ 等参数。L 和 d 为装置参数(装置参数表格中给出)，ρ 和 μ 是流体的物理性质，通过测量流体温度，再查有关手册而得，u 通过测定流体流量，再由 $u = \dfrac{Q_V}{A}$ 计算得到。

例如本装置采用涡轮流量计测流量，Q_V，m³/h。

$$u = \frac{Q_V}{900\pi d^2} \tag{4-5}$$

Δp_f 可用 U 型管、倒置 U 型管、测压直管等液柱压差计测定，或采用差压变送器和二次仪表显示。

(1) 当采用倒置 U 型管液柱压差计时

$$\Delta p_f = \rho g R \tag{4-6}$$

式中：R—— 水柱高度，m。

(2) 当采用 U 型管液柱压差计时

$$\Delta p_f = (\rho_0 - \rho) g R \tag{4-7}$$

式中：R——液柱高度，m；

　　　ρ_0——指示液密度，kg/m^3。

根据实验装置结构参数 l、d，指示液密度 ρ_0，流体温度 t。（查流体物性 ρ、μ），及实验时测定的流量 Q_V、液柱压差计的读数 R，通过式（4-5）、（4-6）或（4-7）、（4-4）和式（4-2）求取 Re 和 λ，再将 Re 和 λ 标绘在双对数坐标图上。

（二）局部阻力系数 ξ 的测定

局部阻力损失通常有两种表示方法，即当量长度法和阻力系数法。

1. 当量长度法

流体流过某管件或阀门时造成的机械能损失看作与某一长度为 l_e 的同直径的管道所产生的机械能损失相当，此折合的管道长度称为当量长度，用符号 l_e 表示。这样，就可以用直管阻力的公式来计算局部阻力损失，而且在管路计算时可将管路中的直管长度与管件、阀门的当量长度合并在一起计算，则流体在管路中流动时的总机械能损失 $\sum h_f$ 为：

$$\sum h_f = \lambda \frac{l + \sum l_e}{d} \frac{u^2}{2} \qquad (4-8)$$

2. 阻力系数法

流体通过某一管件或阀门时的机械能损失表示为流体在小管径内流动时平均动能的某一倍数，局部阻力的这种计算方法，称为阻力系数法。即：

$$h'_f = \frac{\Delta p'_f}{\rho g} = \xi \frac{u^2}{2} \qquad (4-9)$$

故
$$\xi = \frac{2\Delta p'_f}{\rho g u^2} \qquad (4-10)$$

式中：ξ——局部阻力系数，无因次；

　　　$\Delta p'_f$——局部阻力压强降，Pa；（本装置中，所测得的压降应扣除两测压口间直管段的压降，直管段的压降由直管阻力实验结果求取。）

　　　ρ——流体密度，kg/m^3；

　　　g——重力加速度，$9.81 m/s^2$；

　　　u——流体在小截面管中的平均流速，m/s。

待测的管件和阀门由现场指定。本实验采用阻力系数法表示管件或阀门的局部阻力损失。根据连接管件或阀门两端管径中小管的直径 d，指示液密度

ρ_0，流体温度 t。（查流体物性 ρ、μ），及实验时测定的流量 V、液柱压差计的读数 R，通过式（4-5）、（4-6）或（4-7）、（4-10）求取管件或阀门的局部阻力系数 ξ。

三、实验装置与流程

（一）实验装置

如图 4-1 所示：

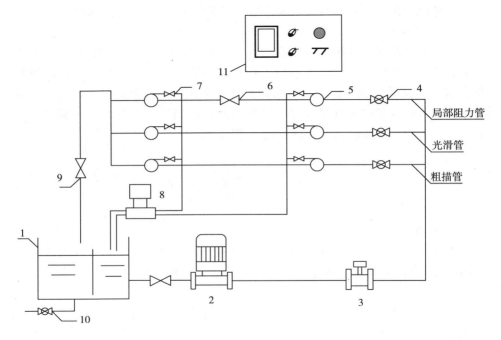

图 4-1　实验装置流程示意图

1—水箱；2—管道泵；3—涡轮流量计；4—进口阀；5—均压阀；6—闸阀；
7—引压阀；8—压力变送器；9—出口阀；10—排水阀；11—电气控制箱

（二）实验流程

实验对象部分是由贮水箱、离心泵和不同管径、材质的水管，各种阀门、管件以及涡轮流量计和倒 U 型压差计或电子压差计等所组成的。管路部分有三段并联的长直管，分别为用于测定局部阻力系数，光滑管直管阻力系数和粗糙管直管阻力系数。测定局部阻力部分使用不锈钢管，其上装有待测管件（闸阀）；光滑管直管阻力的测定同样使用内壁光滑的不锈钢管，而粗糙管直管阻力的测定对象为管道内壁较粗糙的镀锌铸铁管。

水的流量使用涡轮流量计测量，管路和管件的阻力采用差压变送器将差压信号传递给无纸记录仪。

（三）装置参数

装置参数见表1。由于管材的材质会有不同，因而管内径也会有差别，不同的实验室也会有差别，以实际情况为准，表1的数据只是参考。

表1　流体阻力实验装置参数表

名称		材质	管内径（mm）		测量段长度（mm）
			管路号	管内径	
装置1	局部阻力	闸阀	1A	20.0	950
	光滑管	不锈钢管	1B	20.0	1000
	粗糙管	镀锌铁管	1C	21.0	1000

四、实验步骤

（1）泵启动：首先对水箱进行灌水，然后关闭出口阀，打开总电源和仪表开关，启动水泵，待电机转动平稳后，把出口阀缓缓开到最大。

（2）实验管路选择：选择实验管路，把对应的进口阀打开，并在出口阀最大开度下，保持全流量流动5～10min。

（3）排气：在计算机监控界面点击"引压室排气"按钮，则差压变送器实现排气。

（4）引压：打开对应实验管路的手阀，然后在计算机监控界面点击该对应，则差压变送器检测该管路压差。

（5）流量调节：手控状态，变频器输出选择100，然后开启管路出口阀，调节流量，让流量从1～4m³/h范围内变化，建议每次实验变化0.5m³/h左右。每次改变流量，待流动达到稳定后，记下对应的压差值；自控状态，流量控制界面设定流量值或设定变频器输出值，待流量稳定记录相关数据即可。

（6）计算：装置确定时，根据Δp和u的实验测定值，可计算λ和ξ，在等温条件下，雷诺数$R_e = \dfrac{du\rho}{\mu}$，$u = \dfrac{Q_V}{A}$ 其中A为常数，因此只要调节管路流量，即可得到一系列$\lambda \sim Re$的实验点，从而绘出$\lambda \sim Re$曲线。

（7）实验结束：关闭出口阀，关闭水泵和仪表电源，清理装置。

五、实验数据处理

将根据上述实验测得的数据填写到下表：

温度：

直管基本参数： 光滑管径 粗糙管径 局部阻力管径

序号	流量(m³/h)	光滑管压差(kPa)	粗糙管压差(kPa)	局部阻力压差(kPa)
1				
2				
3				
4				
5				
6				
7				
8				
9				
10				

六、实验报告

（1）根据粗糙管实验结果，在双对数坐标纸上标绘出 $\lambda \sim Re$ 曲线，对照化工原理教材上有关曲线图，即可估算出该管的相对粗糙度和绝对粗糙度。

（2）根据光滑管实验结果，对照柏拉修斯方程，计算其误差。

（3）根据局部阻力实验结果，求出闸阀全开时的平均 ξ 值。

（4）对实验结果进行分析讨论。

七、思考题

（1）在对装置做排气工作时，是否一定要关闭流程尾部的出口阀？为什么？

（2）如何检测管路中的空气已经被排除干净？

（3）以水做介质所测得的 $\lambda \sim Re$ 关系能否适用于其他流体？如何应用？

（4）在不同设备上（包括不同管径），不同水温下测定的 $\lambda \sim Re$ 数据能否关联在同一条曲线上？

（5）如果测压口、孔边缘有毛刺或安装不垂直，对静压的测量有何影响？

实验五　　对流给热系数测定

一、实验目的

（1）了解间壁式传热元件，掌握给热系数测定的实验方法。

（2）掌握热电阻测温的方法，观察水蒸气在水平管外壁上的冷凝现象。

（3）学会给热系数测定的实验数据处理方法，了解影响给热系数的因素和强化传热的途径。

二、基本原理

在工业生产过程中，大量情况下，冷、热流体系通过固体壁面（传热元件）进行热量交换，称为间壁式换热。如图5-1所示，间壁式传热过程由热流体对固体壁面的对流传热，固体壁面的热传导和固体壁面对冷流体的对流传热所组成。

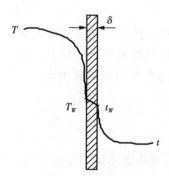

图5-1　间壁式传热过程示意图

达到传热稳定时，有

$$Q = m_1 c_{p1} (T_1 - T_2) = m_2 c_{p2} (t_2 - t_1)$$
$$= \alpha_1 A_1 (T - T_W)_M = \alpha_2 A_2 (t_W - t)_m \qquad (5-1)$$
$$= KA \Delta t_m$$

式中：Q—— 传热量，J/s 或 W；

$\quad\quad m_1$—— 热流体的质量流率，kg/s；

$\quad\quad m_2$—— 冷流体的质量流率，kg/s；

$\quad\quad c_{p1}$—— 热流体的比热，J/(kg·℃)；

$\quad\quad c_{p2}$—— 冷流体的比热，J/(kg·℃)；

$\quad\quad T_1$—— 热流体的进口温度，℃；

$\quad\quad T_2$—— 热流体的出口温度，℃；

$\quad\quad t_1$—— 冷流体的进口温度，℃；

$\quad\quad t_2$—— 冷流体的出口温度，℃；

$\quad\quad \alpha_1$—— 热流体与固体壁面的对流传热系数，W/(m²·℃)；

$\quad\quad \alpha_2$—— 冷流体与固体壁面的对流传热系数，W/(m²·℃)；

$\quad\quad A_1$—— 热流体侧的对流传热面积，m²；

$\quad\quad A_2$—— 冷流体侧的对流传热面积，m²；

$\quad\quad (T-T_w)_m$—— 热流体与固体壁面的对数平均温差，℃；

$\quad\quad (t_w-t)_m$—— 固体壁面与冷流体的对数平均温差，℃；

$\quad\quad K$—— 以传热面积 A 为基准的总给热系数，W/(m²·℃)；

$\quad\quad \Delta t_m$—— 冷热流体的对数平均温差，℃；

热流体与固体壁面的对数平均温差可由式（5-2）计算，

$$(T-T_w)_m = \frac{(T_1-T_{w1})-(T_2-T_{w2})}{\ln\dfrac{T_1-T_{w1}}{T_2-T_{w2}}} \tag{5-2}$$

式中：T_{w1}—— 冷流体进口处热流体侧的壁面温度，℃；

$\quad\quad T_{w2}$—— 冷流体出口处热流体侧的壁面温度，℃。

固体壁面与冷流体的对数平均温差可由式（5-3）计算，

$$(t_w-t)_m = \frac{(t_{w1}-t_1)-(t_{w2}-t_2)}{\ln\dfrac{t_{w1}-t_1}{t_{w2}-t_2}} \tag{5-3}$$

式中：t_{w1}—— 冷流体进口处冷流体侧的壁面温度，℃；

$\quad\quad t_{w2}$—— 冷流体出口处冷流体侧的壁面温度，℃。

热、冷流体间的对数平均温差可由式（5-4）计算，

$$\Delta t_m = \frac{(T_1-t_2)-(T_2-t_1)}{\ln\dfrac{T_1-t_2}{T_2-t_1}} \tag{5-4}$$

当在套管式间壁换热器中，环隙通以水蒸气，内管通以冷空气或水进行对流传热系数测定实验时，则由式（5-1）得内管内壁面与冷空气或水的对流

传热系数，

$$\alpha_2 = \frac{m_2 c_{p2} (t_2 - t_1)}{A_2 (t_w - t)_M} \qquad (5-5)$$

实验中测定紫铜管的壁温 t_{w1}、t_{w2}；冷空气或水的进出口温度 t_1、t_2；实验用紫铜管的长度 l、内径 d_2，$A_2 = \pi d_2 l$；和冷流体的质量流量，即可计算 α_2。

然而直接测量固体壁面的温度，尤其管内壁的温度，实验技术难度大，而且所测得的数据准确性差，带来较大的实验误差。因此，通过测量相对较易测定的冷热流体温度来间接推算流体与固体壁面间的对流给热系数就成为人们广泛采用的一种实验研究手段。

由式（5-1）得，

$$K = \frac{m_2 c_{p2} (t_2 - t_1)}{A \Delta t_m} \qquad (5-6)$$

实验测定 m_2、t_1、t_2、T_1、T_2、并查取 $t_{平均} = \frac{1}{2}(t_1 + t_2)$ 下冷流体对应的 c_{p2}、换热面积 A，即可由上式计算得总给热系数 K。

下面通过两种方法来求对流给热系数。

近似法求算对流给热系数 α_2

以管内壁面积为基准的总给热系数与对流给热系数间的关系为，

$$\frac{1}{K} = \frac{1}{\alpha_2} + R_{S2} + \frac{bd_2}{\lambda d_m} + R_{S1} \frac{d_2}{d_1} + \frac{d_2}{\alpha_1 d_1} \qquad (5-7)$$

式中：d_1——换热管外径，m；

　　　d_2——换热管内径，m；

　　　d_m——换热管的对数平均直径，m；

　　　b——换热管的壁厚，m；

　　　λ——换热管材料的导热系数，W/(m · ℃)；

　　　R_{S1}——换热管外侧的污垢热阻，m² · K/W；

　　　R_{S2}——换热管内侧的污垢热阻，m² · K/W。

用本装置进行实验时，管内冷流体与管壁间的对流给热系数约为几十到几百 W/m² · K；而管外为蒸汽冷凝，冷凝给热系数 α_1 可达 10^4 W/m² · K 左右，因此冷凝传热热阻 $\frac{d_2}{\alpha_1 d_1}$ 可忽略，同时蒸汽冷凝较为清洁，因此换热管外侧的污垢热阻 $R_{S1} \frac{d_2}{d_1}$ 也可忽略。实验中的传热元件材料采用紫铜，导热系数

为 $383.8\text{W/m} \cdot \text{K}$，壁厚为 2.5mm，因此换热管壁的导热热阻 $\dfrac{bd_2}{\lambda d_m}$ 可忽略。若换热管内侧的污垢热阻 R_{S2} 也忽略不计，则由式（5-7）得，

$$\alpha_2 \approx K \tag{5-8}$$

由此可见，被忽略的传热热阻与冷流体侧对流传热热阻相比越小，此法所得的准确性就越高。传热准数式求算对流给热系数 α_2，对于流体在圆形直管内作强制湍流对流传热时，若符合如下范围内：$Re=1.0\times10^4 \sim 1.2\times10^5$，$Pr=0.7 \sim 120$，管长与管内径之比 $l/d \geqslant 60$，则传热准数经验式为，

$$Nu = 0.023\,Re^{0.8}\,Pr^n \tag{5-9}$$

式中：Nu—— 努塞尔数，$Nu=\dfrac{\alpha d}{\lambda}$，无因次；

$\quad\quad Re$—— 雷诺数，$Re=\dfrac{du\rho}{\mu}$，无因次；

$\quad\quad Pr$—— 普兰特数，$Pr=\dfrac{c_p\mu}{\lambda}$，无因次；

当流体被加热时 $n=0.4$，流体被冷却时 $n=0.3$；

$\quad\quad \alpha$—— 流体与固体壁面的对流传热系数，$\text{W/(m}^2 \cdot \text{℃)}$；

$\quad\quad d$—— 换热管内径，m；

$\quad\quad \lambda$—— 流体的导热系数，$\text{W/(m} \cdot \text{℃)}$；

$\quad\quad u$—— 流体在管内流动的平均速度，m/s；

$\quad\quad \rho$—— 流体的密度，kg/m^3；

$\quad\quad \mu$—— 流体的粘度，$\text{Pa} \cdot \text{s}$；

$\quad\quad c_p$—— 流体的比热，$\text{J/(kg} \cdot \text{℃)}$。

对于水或空气在管内强制对流被加热时，可将式（5-9）改写为，

$$\frac{1}{\alpha_2} = \frac{1}{0.023} \times \left(\frac{\pi}{4}\right)^{0.8} \times d_2^{1.8} \times \frac{1}{\lambda_2\,Pr_2^{0.4}} \times \left(\frac{\mu_2}{m_2}\right)^{0.8} \tag{5-10}$$

令，

$$m = \frac{1}{0.023} \times \left(\frac{\pi}{4}\right)^{0.8} \times d_2^{1.8} \tag{5-11}$$

$$X = \frac{1}{\lambda_2\,Pr_2^{0.4}} \times \left(\frac{\mu_2}{m_2}\right)^{0.8} \tag{5-12}$$

$$Y = \frac{1}{K} \tag{5-13}$$

$$C = R_{S2} + \frac{bd_2}{\lambda d_m} + R_{S1}\frac{d_2}{d_1} + \frac{d_2}{\alpha_1 d_1} \tag{5-14}$$

则式(5-7)可写为,

$$Y = mX + C \qquad (5-15)$$

当测定管内不同流量下的对流给热系数时,由式(5-14)计算所得的 C 值为一常数。管内径 d_2 一定时,m 也为常数。因此,实验时测定不同流量所对应的 t_1、t_2、T_1、T_2,由式(5-4)、(5-6)、(5-12)、(5-13)求取一系列 X、Y 值,再在 $X \sim Y$ 图上作图或将所得的 X、Y 值回归成一直线,该直线的斜率即为 m。任一冷流体流量下的给热系数 α_2 可用下式求得,

$$\alpha_2 = \frac{\lambda_2 \ Pr_2^{0.4}}{m} \times \left(\frac{m_2}{\mu_2}\right)^{0.8} \qquad (5-16)$$

冷流体质量流量的测定

1. 若用转子流量计测定冷空气的流量,还须用式(5-17)换算得到实际的流量,

$$V' = V \sqrt{\frac{\rho(\rho_f - \rho')}{\rho'(\rho_f - \rho)}} \qquad (5-17)$$

式中:V'——实际被测流体的体积流量,m^3/s;

ρ'——实际被测流体的密度,kg/m^3;均可取 $t_{平均} = \dfrac{1}{2}(t_1 + t_2)$ 下对应

水或空气的密度,见冷流体物性与温度的关系式;

V——标定用流体的体积流量,m^3/s;

ρ——标定用流体的密度,kg/m^3;对水 $\rho = 1000kg/m^3$;对空气 $\rho = 1.205kg/m^3$;

ρ_f——转子材料密度,kg/m^3。

于是

$$m_2 = V'\rho' \qquad (5-18)$$

2. 若用孔板流量计测冷流体的流量,则,

$$m_2 = \rho V \qquad (5-19)$$

式中,V 为冷流体进口处流量计读数,ρ 为冷流体进口温度下对应的密度。

冷流体物性与温度的关系式

在 $0 \sim 100℃$ 之间,冷流体的物性与温度的关系有如下拟合公式。

(1) 空气的密度与温度的关系式:$\rho = 10^{-5}t^2 - 4.5 \times 10^{-3}t + 1.2916$

(2) 空气的比热与温度的关系式:$60℃$ 以下 $C_p = 1005J/(kg \cdot ℃)$,$70℃$ 以上 $C_p = 1009J/(kg \cdot ℃)$。

(3) 空气的导热系数与温度的关系式:$\lambda = -2 \times 10^{-8}t^2 + 8 \times 10^{-5}t + 0.0244$

(4) 空气的黏度与温度的关系式：$\mu = (-2 \times 10^{-6} t^2 + 5 \times 10^{-3} t + 1.7169) \times 10^{-5}$

三、实验装置与流程

1. 实验装置

实验装置如图 5-1 所示。

来自蒸汽发生器的水蒸气进入不锈钢套管换热器环隙，与来自风机的空气在套管换热器内进行热交换，冷凝水排出装置外。冷空气经孔板流量计或转子流量计进入套管换热器内管（紫铜管），热交换后排出装置外。

2. 设备与仪表规格

(1) 紫铜管规格：直径 $\varphi 21 \times 2.5 \text{mm}$，长度 $L = 1000 \text{mm}$；

(2) 外套不锈钢管规格：直径 $\varphi 100 \times 5 \text{mm}$，长度 $L = 1000 \text{mm}$；

(4) 铂热电阻及无纸记录仪温度显示；

(5) 全自动蒸汽发生器及蒸汽压力表。

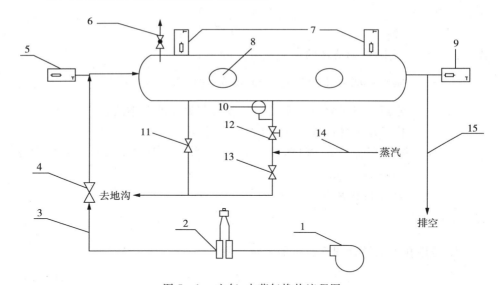

图 5-1　空气-水蒸气换热流程图

1—风机；2—孔板流量计；3冷流体管路；4—转子流量计；5—冷流体进口温度；

6—惰性气体排空阀；7—蒸汽温度；8—视镜；9—冷流体出口温度；10—压力表；

11—冷凝水排空阀；12—蒸汽进口阀；13—冷凝水排空阀；14—蒸汽进口管路；15—冷流体出口管路

四、实验步骤与注意事项

（一）实验步骤

打开控制面板上的总电源开关，打开仪表电源开关，使仪表通电预热，观察仪表显示是否正常。

　　在蒸汽发生器中灌装清水，开启发生器电源，使水处于加热状态。到达符合条件的蒸汽压力后，系统会自动处于保温状态。

　　打开控制面板上的风机电源开关，让风机工作，同时打开冷流体进口阀，让套管换热器里充有一定量的空气。

　　打开冷凝水出口阀，排出上次实验残留的冷凝水，在整个实验过程中也保持一定开度。注意开度适中，开度太大会使换热器中的蒸汽跑掉，开度太小会使换热不锈钢管里的蒸汽压力过大而导致不锈钢管炸裂。

　　在通水蒸气前，也应将蒸汽发生器到实验装置之间管道中的冷凝水排除，否则夹带冷凝水的蒸汽会损坏压力表及压力变送器。具体排除冷凝水的方法是：关闭蒸汽进口阀门，打开装置下面的排冷凝水阀门，让蒸汽压力把管道中的冷凝水带走，当听到蒸汽响时关闭冷凝水排除阀，方可进行下一步实验。

　　开始通入蒸汽时，要仔细调节蒸汽阀的开度，让蒸汽徐徐流入换热器中，逐渐充满系统中，使系统由"冷态"转变为"热态"，不得少于 10 分钟，防止不锈钢管换热器因突然受热、受压而爆裂。

　　上述准备工作结束，系统处于"热态"，调节蒸汽进口阀，使蒸汽进口压力维持在 0.01MPa，可通过调节蒸汽进口阀和冷凝水排空阀开度来实现。

　　自动调节冷空气进口流量时，可通过组态软件或者仪表调节风机转速频率来改变冷流体的流量到一定值，在每个流量条件下，均须待热交换过程稳定后方可记录实验数值，改变流量，记录不同流量下的实验数值。

　　记录 6～8 组实验数据，可结束实验。先关闭蒸汽发生器、关闭蒸汽进口阀、关闭仪表电源、待系统逐渐冷却后关闭风机电源、待冷凝水流尽后关闭冷凝水出口阀、关闭总电源；待蒸汽发生器内的水冷却后将水排尽。

　　（二）注意事项

　　（1）先打开冷凝水排空阀，注意只开一定的开度，开得太大会使换热器里的蒸汽跑掉，开的太小会使换热不锈钢管里的蒸汽压力增大而使不锈钢管炸裂。

　　（2）一定要在套管换热器内管输以一定量的空气后，方可开启蒸汽阀门，且必须在排除蒸汽管道中原先积存的冷凝水后，方可把蒸汽通入套管换热器中。

　　（3）刚开始通入蒸汽时，要仔细调节蒸汽进口阀的开度，让蒸汽徐徐流入换热器中，逐渐加热，由"冷态"转变为"热态"，不得少于 10 分钟，以防止不锈钢管因突然受热、受压而爆裂。

　　（4）操作过程中，蒸汽压力必须控制在 0.02MPa（表压）以下，以免造成对装置的损坏。确定各参数时，必须是在稳定传热状态下，随时注意蒸汽量的调节和压力表读数的调整。

五、实验数据处理

（1）打开数据处理软件，选择"空气-蒸汽给热系数测定实验"，导入 MCGS 实验数据。

（2）打开导入的实验，可以查看实验原始数据以及实验数据的最终处理结果，点"显示曲线"，则可得到实验结果的曲线对比图和拟合公式。

（3）数据输入错误，或明显不符合实验情况，程序会有警告对话框跳出。每次修改数据后，都应点击"保存数据"，再按第2步中次序，点击"显示结果"和"显示曲线"。

（4）记录软件处理结果，并可作为手算处理的对照。结束，点"退出程序"。

六、实验报告

（1）计算冷流体给热系数的实验值。

（2）冷流体给热系数的准数式：$Nu/Pr^{0.4} = A\,Re^m$，由实验数据作图拟合曲线方程，确定式中常数 A 及 m。

（3）以 $\ln(Nu/Pr^{0.4})$ 为纵坐标，$\ln(Re)$ 为横坐标，将处理实验数据的结果标绘在图上，并与教材中的经验式 $Nu/Pr^{0.4} = 0.023\,Re^{0.8}$ 比较。

七、思考题

（1）实验中冷流体和蒸汽的流向，对传热效果有何影响？

（2）在计算空气质量流量时所用到的密度值与求雷诺数时的密度值是否一致？它们分别表示什么位置的密度，应在什么条件下进行计算。

（3）实验过程中，冷凝水不及时排走，会产生什么影响？如何及时排走冷凝水？如果采用不同压强的蒸汽进行实验，对 α 关联式有何影响？

实验六　　机械能转化实验

为什么？

化工生产中流体的输送多在密闭的管道中进行，因此研究流体在管内的流动是化学工程中一个重要课题。该实验通过流动流体中各种能量和压头的相互转化关系，进一步帮助我们理解柏努利方程的含义。

一、实验目的

（1）观测动、静、位压头随管径、位置、流量的变化情况，验证连续性方程和伯努利方程。

（2）定量考察流体流经收缩、扩大管段时，流体流速与管径关系。

（3）定量考察流体流经直管段时，流体阻力与流量关系。

（4）定性观察流体流经节流件、弯头的压损情况。

二、基本原理

任何运动的流体，仍然遵守质量守恒定律和能量守恒定律，这是研究流体力学性质的基本出发点。流体在流动时位能、动能和压强能三者之间可以相互转换，但总机械能是不变的。

1. 连续性方程

对于流体在管内稳定流动时的质量守恒形式表现为如下的连续性方程：

$$\rho_1 \iint_1 v \mathrm{d}A = \rho_2 \iint_2 v \mathrm{d}A \qquad (6-1)$$

根据平均流速的定义，有 $\rho_1 u_1 A_1 = \rho_2 u_2 A_2$ $\qquad (6-2)$

$$即\ m_1 = m_2 \qquad (6-3)$$

而对均质、不可压缩流体，$\rho_1 = \rho_2 =$ 常数，则式（6-2）变为

$$u_1 A_1 = u_2 A_2 \qquad (6-4)$$

可见，对均质、不可压缩流体，平均流速与流通截面积成反比，即面积

越大，流速越小；反之，面积越小，流速越大。

对圆管，$A = \pi d^2 / 4$，d 为直径，于是式(6-4)可转化为

$$u_1 d_1^2 = u_2 d_2^2 \qquad (6-5)$$

2. 机械能衡算方程

运动的流体不仅要遵循质量守恒定律，还应满足能量守恒定律，依此，在工程上可进一步得到十分重要的机械能衡算方程。

对于均质、不可压缩流体，在管路内稳定流动时，其机械能衡算方程（以单位质量流体为基准）为：

$$z_1 + \frac{u_1^2}{2g} + \frac{p_1}{\rho g} + h_e = z_2 + \frac{u_2^2}{2g} + \frac{p_2}{\rho g} + h_f \qquad (6-6)$$

显然，上式中各项均具有高度的量纲，z 称为位头，$u^2 / 2g$ 称为动压头（速度头），$p / \rho g$ 称为静压头（压力头），h_e 称为外加压头，h_f 称为压头损失。

关于上述机械能衡算方程的讨论：

（1）理想流体的伯努利方程

无黏性的即没有黏性摩擦损失的流体称为理想流体，就是说，理想流体的 $h_f = 0$，若此时又无外加功加入，则机械能衡算方程变为：

$$G_2' \qquad (6-7)$$

式(6-7)为理想流体的伯努利方程。该式表明，理想流体在流动过程中，总机械能保持不变。

（2）若流体静止，则 G_1'，$G_2' - G_1'$，$h_f = 0$，于是机械能衡算方程变为

$$z_1 + \frac{p_1}{\rho g} = z_2 + \frac{p_2}{\rho g} \qquad (6-8)$$

式(6-8)即为流体静力学方程，可见流体静止状态是流体流动的一种特殊形式。

3. 管内流动分析

按照流体流动时的流速以及其他与流动有关的物理量（例如压力、密度）是否随时间而变化，可将流体的流动分成两类：稳定流动和不稳定流动。连续生产过程中的流体流动，多可视为稳定流动；在开工或停工阶段，则属于不稳定流动。

流体流动有两种不同型态，即层流和湍流，这一现象最早是在1883年由雷诺（Reynolds）首先发现的。流体作层流流动时，其流体质点作平行于管轴的直线运动，且在径向无脉动；流体作湍流流动时，其流体质点除沿管轴方向作向前运动外，还在径向作脉动，从而在宏观上显示出紊乱地向各个方向

作不规则的运动。

　　流体流动型态可用雷诺准数(Re)来判断，这是一个无因次数群，故其值不会因采用不同的单位制而不同。但应当注意，数群中各物理量必须采用同一单位制。若流体在圆管内流动，则雷诺准数可用式(6-9)表示：

$$Re = \frac{du\varrho}{\mu} \tag{6-9}$$

式中：Re—— 雷诺准数，无因次；

　　　d—— 管子内径，m；

　　　u—— 流体在管内的平均流速，m/s；

　　　ρ—— 流体密度，kg/m³；

　　　μ—— 流体粘度；Pa·s。

　　式(6-9)表明，对于一定温度的流体，在特定的圆管内流动，雷诺准数仅与流体流速有关。层流转变为湍流时的雷诺数称为临界雷诺数，用 Re_c 表示。工程上一般认为，流体在直圆管内流动时，当 $Re \leqslant 2000$ 时为层流；当 $Re > 4000$ 时，圆管内已形成湍流；当 Re 在 $2000 \sim 4000$ 范围内，流动处于一种过渡状态，可能是层流，也可能是湍流，或者是二者交替出现，这要视外界干扰而定，一般称这一 Re 数范围为过渡区。

　　三、实验装置

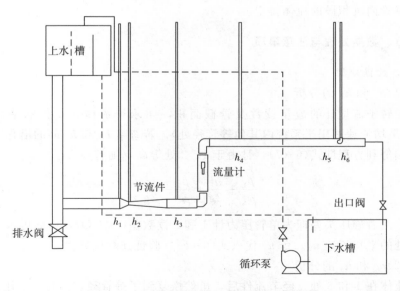

　　该装置为有机玻璃材料制作的管路系统，通过泵使流体循环流动。管路

内径为30mm，节流件变截面处管内径为15mm。单管压力计1和2可用于验证变截面连续性方程，单管压力计1和3可用于比较流体经节流件后的能头损失，单管压力计3和4可用于比较流体经弯头和流量计后的能头损失及位能变化情况，单管压力计4和5可用于验证直管段雷诺数与流体阻力系数关系，单管压力计5和6配合使用，用于测定单管压力计5处的中心点速度。

在本实验装置中设置了两种进料方式：（1）高位槽进料；（2）直接泵输送进料。设置这两种方式是为了让学生有对比，当然直接进行泵进料的液体是不稳定的，会产生很多空气。这样会使实验数据有波动，所以一般在采集数据的时候建议采用高位槽进料。

四、实验步骤

（1）先在下水槽中加满清水，保持管路排水阀、出口阀关闭状态，通过循环泵将水打入上水槽中，使整个管路中充满流体，并保持上水槽液位一定高度，可观察流体在静止状态时各管段高度。

（2）通过出口阀调节管内流量，注意保持上水槽液位高度稳定（即保证整个系统处于稳定流动状态），并尽可能使转子流量计读数在刻度线上。观察记录各单管压力计读数和流量值。

（3）改变流量，观察各单管压力计读数随流量的变化情况。注意每改变一个流量，需给予系统一定的稳流时间，方可读取数据。

（4）结束实验，关闭循环泵，全开出口阀排尽系统内流体，之后再打开排水阀将管内沉积段的流体排空。

五、数据处理与注意事项

1. 数据处理

（1）h_1 和 h_2 的分析

由转子流量计的流量读数及管截面积，可求得流体在1处的平均流速 u_1（该平均流速适用于系统内其他等管径处）。若忽略 h_1 和 h_2 间的沿程阻力，适用伯努利方程即式（6-7），且由于1、2处等高，则有：

$$\frac{p_1}{\rho g} + \frac{u_1^2}{2g} = \frac{p_2}{\rho g} + \frac{u_2^2}{2g} \qquad (6-10)$$

其中，两者静压头差即为单管压力计1和2读数差（mH_2O），由此可求得流体在2处的平均流速 u_2。令 u_2 代入式（6-5），验证连续性方程。

（2）h_1 和 h_3 的分析

流体在1和3处，经节流件后，虽然恢复到了等管径，但是单管压力计1和3的读数差说明了能头的损失（即经过节流件的阻力损失）。且流量越大，读数差越明显。

（3）h_3 和 h_4 的分析

流体经 3 到 4 处，受弯头和转子流量计及位能的影响，单管压力计 3 和 4 的读数差明显，且随流量的增大，读数差也变大，可定性观察流体局部阻力导致的能头损失。

（4）h_4 和 h_5 的分析

直管段 4 和 5 之间，单管压力计 4 和 5 的读数差说明了直管阻力的存在（小流量时，该读数差不明显，具体考察直管阻力系数的测定可使用流体阻力装置），根据

$$h_f = \lambda \frac{L}{d} \frac{u^2}{2g} \qquad (6-11)$$

可推算得阻力系数，然后根据雷诺准数，作出两者关系曲线。

（5）h_5 和 h_6 的分析

单管压力计 5 和 6 之差指示的是 5 处管路的中心点速度，即最大速度 u_c，有

$$\Delta h = \frac{u_c^2}{2g} \qquad (6-12)$$

考察在不同雷诺准数下，与管路平均速度 u 的关系。

2. 注意事项

（1）若不是长期使用该装置，也应对下水槽内液体作排空处理，防止沉积尘土，避免堵塞测速管。

（2）每次实验开始前，也需先清洗整个管路系统，即先使管内流体流动数分钟，检查阀门、管段有无堵塞或漏水情况。

（3）注意要排除实验导管内的空气泡。

（4）离心泵不要在空转和出口阀门全关的条件下工作。

六、思考题

（1）什么是速度水头、位置水头、压力水头？速度水头、测压管水头和总水头三者有什么关系？

（2）实验过程中如何排除实验导管内的空气泡？

（3）请对实验误差进行分析？

实验七　　填料塔吸收传质系数的测定

一、实验目的

(1) 了解填料塔吸收装置的基本结构及流程；

(2) 掌握总体积传质系数的测定方法；

(3) 了解气相色谱仪和六通阀的使用方法。

二、基本原理

气体吸收是典型的传质过程之一。由于 CO_2 气体无味、无毒、廉价，所以气体吸收实验常选择 CO_2 作为溶质组分。本实验采用水吸收空气中的 CO_2 组分。一般 CO_2 在水中的溶解度很小，即使预先将一定量的 CO_2 气体通入空气中混合以提高空气中的 CO_2 浓度，水中的 CO_2 含量仍然很低，所以吸收的计算方法可按低浓度来处理，并且此体系 CO_2 气体的解吸过程属于液膜控制。因此，本实验主要测定 K_{xa} 和 H_{OL}。

计算公式：填料层高度 Z 为

$$z = \int_0^Z \mathrm{d}Z = \frac{L}{K_{xa}} \int_{x_2}^{x_1} \frac{\mathrm{d}x}{x - x^*} = H_{OL} \cdot N_{OL}$$

式中：L—— 液体通过塔截面的摩尔流量，$\mathrm{kmol/(m^2 \cdot s)}$；

K_{xa}—— 以 ΔX 为推动力的液相总体积传质系数，$\mathrm{kmol/(m^3 \cdot s)}$；

H_{OL}—— 液相总传质单元高度，m；

N_{OL}—— 液相总传质单元数，无因次。

令：吸收因数 $A = L/mG$

$$N_{OL} = \frac{1}{1-A} \ln\left[(1-A) \frac{y_1 - mx_2}{y_1 - mx_1} + A \right]$$

测定方法

(1) 空气流量和水流量的测定

本实验采用转子流量计测得空气和水的流量，并根据实验条件（温度和压力）和有关公式换算成空气和水的摩尔流量。

（2）测定填料层高度 Z 和塔径 D；

（3）测定塔顶和塔底气相组成 y_1 和 y_2；

（4）平衡关系。

本实验的平衡关系可写成

$$y = mx$$

式中：m——相平衡常数，$m = E/P$；

E——亨利系数，$E = f(t)$，Pa，根据液相温度由附录查得；

P——总压，Pa，取 $1atm$。

对清水而言，$x_2 = 0$，由全塔物料衡算

$$G(y_1 - y_2) = L(x_1 - x_2)$$

可得 x_1。

三、实验装置

1. 本实验装置流程：

由自来水水源来的水送入填料塔塔顶经喷头喷淋在填料顶层。由风机送来的空气和由二氧化碳钢瓶来的二氧化碳混合后，一起进入气体混合罐。然后再进入塔底，与水在塔内进行逆流接触，进行质量和热量的交换，由塔顶出来的尾气放空，由于本实验为低浓度气体的吸收，所以热量交换可略，整个实验过程看成是等温操作。

装置流程如图 7-1 所示。

2. 主要设备

（1）吸收塔：高效填料塔，塔径 $100mm$，塔内装有金属丝网波纹规整填料或 θ 环散装填料，填料层总高度 $2000mm$。塔顶有液体初始分布器，塔中部有液体再分布器，塔底部有栅板式填料支承装置。填料塔底部有液封装置，以避免气体泄漏。

（2）填料规格和特性：金属丝网波纹规整填料：型号 JWB-700Y，规格 $\varphi100mm \times 100mm$，比表面积 $700m^2/m^3$。

（3）转子流量计：

介质	条 件			
	常用流量	最小刻度	标定介质	标定条件
CO_2	$2L/min$	$0.2L/min$	CO_2	$20℃$ $1.0133 \times 10^5 Pa$

（4）空气风机：型号为旋涡式气机；

（5）二氧化碳钢瓶；

（6）气相色谱分析仪。

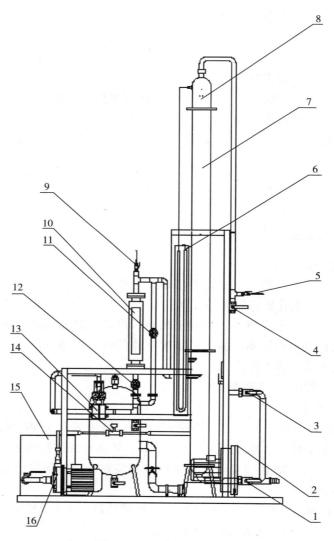

图 7 - 1　吸收装置流程图

1—液体出口阀2；2—风机；3—液体出口阀1；4—气体出口阀；5—出塔气体取样口；
6—U 型压差计；7—填料层；8—塔顶预分布器；9—进塔气体取样口；10—玻璃转子流量计
（0.4～4m³/h）；11—混合气体进口阀1；12—混合气体进口阀2；
13—孔板流量计；14—涡轮流量计；15—水箱；16—水泵

四、实验步骤与注意事项

1. 实验步骤

（1）熟悉实验流程及弄清气相色谱仪及其配套仪器结构、原理、使用方法及其注意事项；

（2）打开混合罐底部排空阀，排放掉空气混合贮罐中的冷凝水；

（3）打开仪表电源开关及风机电源开关，进行仪表自检；

（4）开启进水阀门，让水进入填料塔润湿填料，仔细调节玻璃转子流量计，使其流量稳定在某一实验值。（塔底液封控制：仔细调节液体出口阀的开度，使塔底液位缓慢地在一段区间内变化，以免塔底液封过高溢满或过低而泄气）；

（5）启动风机，打开 CO_2 钢瓶总阀，并缓慢调节钢瓶的减压阀；

（6）仔细调节风机旁路阀门的开度（并调节 CO_2 调节转子流量计的流量，使其稳定在某一值；）建议气体流量 $3 \sim 5m^3/h$；液体流量 $0.6 \sim 0.8m^3/h$；CO_2 流量 $2 \sim 3L/min$。

（7）待塔操作稳定后，读取各流量计的读数及通过温度、压差计、压力表上读取各温度、塔顶塔底压差读数，通过六通阀在线进样，利用气相色谱仪分析出塔顶、塔底气体组成；

（8）实验完毕，关闭 CO_2 钢瓶和转子流量计、水转子流量计、风机出口阀门，再关闭进水阀门，及风机电源开关。（实验完成后我们一般先停止水的流量再停止气体的流量，这样做的目的是为了防止液体从进气口倒压破坏管路及仪器）清理实验仪器和实验场地。

2. 注意事项

（1）固定好操作点后，应随时注意调整以保持各量不变。

（2）在填料塔操作条件改变后，需要有较长的稳定时间，一定要等到稳定以后方能读取有关数据。

五、实验报告

（1）将原始数据列表。

（2）在双对数坐标纸上绘图表示 CO_2 解吸时体积传质系数、传质单元高度与气体流量的关系。

（3）列出实验结果与计算示例。

六、思考题

(1) 本实验中，为什么塔底要有液封？液封高度如何计算？

(2) 测定 K_{xa} 有什么工程意义？

(3) 为什么 CO_2 吸收过程属于液膜控制？

(4) 当气体温度和液体温度不同时，应用什么温度计算亨利系数？

实验八　　干燥特性曲线测定实验

一、实验目的

（1）了解洞道式干燥装置的基本结构、工艺流程和操作方法。

（2）学习测定物料在恒定干燥条件下干燥特性的实验方法。

（3）掌握根据实验干燥曲线求取干燥速率曲线以及恒速阶段干燥速率、临界含水量、平衡含水量的实验分析方法。

（4）实验研究干燥条件对于干燥过程特性的影响。

二、基本原理

在设计干燥器的尺寸或确定干燥器的生产能力时，被干燥物料在给定干燥条件下的干燥速率、临界湿含量和平衡湿含量等干燥特性数据是最基本的技术依据参数。由于实际生产中的被干燥物料的性质千变万化，因此对于大多数具体的被干燥物料而言，其干燥特性数据常常需要通过实验测定。

按干燥过程中空气状态参数是否变化，可将干燥过程分为恒定干燥条件操作和非恒定干燥条件操作两大类。若用大量空气干燥少量物料，则可以认为湿空气在干燥过程中温度、湿度均不变，再加上气流速度、与物料的接触方式不变，则称这种操作为恒定干燥条件下的干燥操作。

1. 干燥速率的定义

干燥速率的定义为单位干燥面积（提供湿分汽化的面积）、单位时间内所除去的湿分质量。即

$$U = \frac{\mathrm{d}W}{A\,\mathrm{d}\tau} = -\frac{G_c\,\mathrm{d}X}{A\,\mathrm{d}\tau} \tag{8-1}$$

式中：U——干燥速率，又称干燥通量，$kg/(m^2 s)$；

$\quad A$——干燥表面积，m^2；

$\quad W$——汽化的湿分量，kg；

τ—— 干燥时间，s；

G_c—— 绝干物料的质量，kg；

X—— 物料湿含量，kg 湿分 /kg 干物料，负号表示 X 随干燥时间的增加而减少。

2. 干燥速率的测定方法

将湿物料试样置于恒定空气流中进行干燥实验，随着干燥时间的延长，水分不断汽化，湿物料质量减少。若记录物料不同时间下质量 G，直到物料质量不变为止，也就是物料在该条件下达到干燥极限为止，此时留在物料中的水分就是平衡水分 X^*。再将物料烘干后称重得到绝干物料重 G_c，则物料中瞬间含水率 X 为

$$X = \frac{G - G_c}{G_c} \tag{8-2}$$

计算出每一时刻的瞬间含水率 X，然后将 X 对干燥时间 τ 作图，如图 8-1，即为干燥曲线。

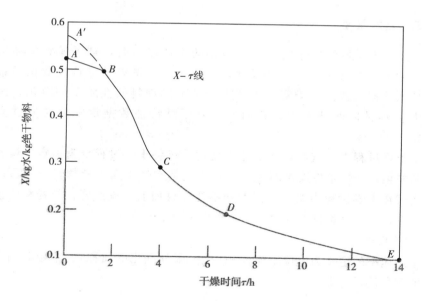

图 8-1　恒定干燥条件下的干燥曲线

上述干燥曲线还可以变换得到干燥速率曲线。由已测得的干燥曲线求出不同 X 下的斜率 $\dfrac{\mathrm{d}X}{\mathrm{d}\tau}$，再由式(8-1)计算得到干燥速率 U，将 U 对 X 作图，就是干燥速率曲线，如图 8-2 所示。

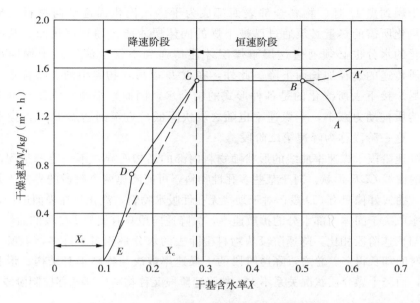

图 8-2　恒定干燥条件下的干燥速率曲线

3. 干燥过程分析

预热段　见图 8-1、8-2 中的 AB 段或 $A'B$ 段。物料在预热段中，含水率略有下降，温度则升至湿球温度 t_w，干燥速率可能呈上升趋势变化，也可能呈下降趋势变化。预热段经历的时间很短，通常在干燥计算中忽略不计，有些干燥过程甚至没有预热段，本实验中也没有预热段。

恒速干燥阶段　见图 8-1、8-2 中的 BC 段。该段物料水分不断汽化，含水率不断下降。但由于这一阶段去除的是物料表面附着的非结合水分，水分去除的机理与纯水的相同。故在恒定干燥条件下，物料表面始终保持为湿球温度 t_W，传质推动力保持不变，因而干燥速率也不变。于是，在图 8-2 中，BC 段为水平线。

只要物料表面保持足够湿润，物料的干燥过程中总有恒速阶段。而该段的干燥速率大小取决于物料表面水分的汽化速率，亦即决定于物料外部的空气干燥条件，故该阶段又称为表面汽化控制阶段。

降速干燥阶段　随着干燥过程的进行，物料内部水分移动到表面的速度赶不上表面水分的气化速率，物料表面局部出现"干区"，尽管这时物料其余表面的平衡蒸汽压仍与纯水的饱和蒸汽压相同、传质推动力也仍为湿度差，但以物料全部外表面计算的干燥速率因"干区"的出现而降低，此时物料中的的含水率称为临界含水率，用 X_c 表示，对应图 8-2 中的 C 点，称为临界点。过 C 点以后，干燥速率逐渐降低至 D 点，C 至 D 阶段称为降速第一阶段。

干燥到点 D 时，物料全部表面都成为干区，汽化面逐渐向物料内部移动，汽化所需的热量必须通过已被干燥的固体层才能传递到汽化面。从物料中汽化的水分也必须通过这层干燥层才能传递到空气主流中。干燥速率因热、质传递的途径加长而下降。此外，在点 D 以后，物料中的非结合水分已被除尽。接下去所汽化的是各种形式的结合水，因而，平衡蒸汽压将逐渐下降，传质推动力减小，干燥速率也随之较快降低，直至到达点 E 时，速率降为零。这一阶段称为降速第二阶段。

降速阶段干燥速率曲线的形状随物料内部的结构而异，不一定都呈现前面所述的曲线 CDE 形状。对于某些多孔性物料，可能降速两个阶段的界限不是很明显，曲线好像只有 CD 段；对于某些无孔性吸水物料，汽化只在表面进行，干燥速率取决于固体内部水分的扩散速率，故降速阶段只有类似 DE 段的曲线。

与恒速阶段相比，降速阶段从物料中除去的水分量相对少许多，但所需的干燥时间却长得多。总之，降速阶段的干燥速率取决与物料本身结构、形状和尺寸，而与干燥介质状况关系不大，故降速阶段又称物料内部迁移控制阶段。

三、实验装置

1. 装置流程

本装置流程如图 8-3 所示。空气由鼓风机送入电加热器，经加热后流入干燥室，加热干燥室料盘中的湿物料后，经排出管道通入大气中。随着干燥

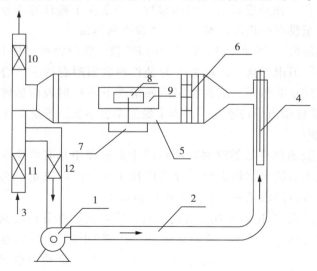

图 8-3 干燥装置流程图

1—风机；2—管道；3—进风口；4—加热器；5—厢式干燥器；

6—气流均布器；7—称重传感器；8—湿毛毡；9—玻璃视镜门；10、11、12—蝶阀

过程的进行，物料失去的水分量由称重传感器转化为电信号，并由智能数显仪表记录下来（或通过固定间隔时间，读取该时刻的湿物料重量）。

2. 主要设备及仪器

（1）鼓风机：BYF7122，370W；

（2）电加热器：额定功率4.5kW；

（3）干燥室：180mm×180mm×1250mm；

（4）干燥物料：湿毛毡或湿纱布；

（5）称重传感器：CZ500型，0～300g。

四、实验步骤与注意事项

1. 实验步骤

（1）放置托盘，开启总电源，开启风机电源。

（2）打开仪表电源开关，加热器通电加热，旋转加热按钮至适当加热电压（根据实验室温和实验讲解时间长短）。在U型湿漏斗中加入一定水量，并关注干球温度，干燥室温度（干球温度）要求达到恒定温度（例如70℃）。

（3）将毛毡加入一定量的水并使其润湿均匀，注意水量不能过多或过少。

（4）当干燥室温度恒定在70℃时，将湿毛毡十分小心地放置于称重传感器上。放置毛毡时应特别注意不能用力下压，因称重传感器的测量上限仅为300g，用力过大容易损坏称重传感器。

（5）记录时间和脱水量，每分钟记录一次重量数据；每两分钟记录一次干球温度和湿球温度。

（6）待毛毡恒重时，即为实验终了时。关闭仪表电源，注意保护称重传感器，非常小心地取下毛毡。

（7）关闭风机，切断总电源，清理实验设备。

2. 注意事项

（1）必须先开风机，后开加热器，否则加热管可能会被烧坏。

（2）特别注意传感器的负荷量仅为300g，放取毛毡时必须十分小心，绝对不能下压，以免损坏称重传感器。

（3）实验过程中，不要拍打、碰扣装置面板，以免引起料盘晃动，影响结果。

五、实验报告

（1）绘制干燥曲线（失水量-时间关系曲线）；

（2）根据干燥曲线作干燥速率曲线；

（3）读取物料的临界湿含量；

（4）对实验结果进行分析讨论。

六、思考题

（1）什么是恒定干燥条件？本实验装置中采用了哪些措施来保持干燥过程在恒定干燥条件下进行？

（2）控制恒速干燥阶段速率的因素是什么？控制降速干燥阶段干燥速率的因素又是什么？

（3）为什么要先启动风机，再启动加热器？实验过程中干、湿球温度计是否变化？为什么？如何判断实验已经结束？

（4）若加大热空气流量，干燥速率曲线有何变化？恒速干燥速率、临界湿含量又如何变化？为什么？

实验九　　搅拌桨特性测定实验

为什么？

搅拌操作是重要的化工单元操作之一，它常用于互溶液体的混合、不互溶液体的分散和接触、气液接触、固体颗粒在液体中的悬浮、强化传热及化学反应等过程，搅拌聚合釜是高分子化工生产的核心设备。由于搅拌釜内液体运动状态十分复杂，搅拌功率目前尚不能由理论得出，只能由实验获得它和多变量的关系，以此作为搅拌器设计放大过程中确定搅拌功率的依据。

一、实验目的

（1）掌握液-液相、气-液相搅拌功率曲线的测定方法。

（2）测定功率特征数 N_p 与搅拌雷诺数 R_e 的关系曲线。

（3）了解电机的转速、输入电压、输入电流、输入功率以及温度的测定方法。

二、基本原理

液体搅拌功率消耗可表达为下列诸变量的函数：

$$N = (K, \ n, \ d, \ \rho, \ \mu, \ g\cdots) \tag{9-1}$$

式中：N——搅拌功率，W；

　　　K——无量纲系数；

　　　n——搅拌转速，r/min；

　　　d——搅拌器直径，m；

　　　ρ——流体密度，kg/m^3；

　　　μ——流体粘度，Pa·s；

　　　g——重力加速度，m/s^2。

由因次分析法可得下列无因次数群的关联式：

$$\frac{N}{\rho n^3 d^5} = K \left(\frac{d^2 n\rho}{\mu}\right)^x \left(\frac{n^2 d}{g}\right)^y \tag{9-2}$$

令
$$\frac{N}{\rho n^3 d^5} = N_p \qquad (9-3)$$

$$\frac{d^2 n \rho}{\mu} = R_e \qquad (9-4)$$

$$\frac{n^2 d}{g} = F_r \qquad (9-5)$$

式中：N_p—— 功率特征数；

R_e—— 搅拌雷诺数；

F_r—— 搅拌佛鲁德数。

则：
$$N_p = K R_e^x F_r^y \qquad (9-6)$$

令
$$\varphi = \frac{N_p}{F_r^y}, \qquad (9-7)$$

式中：φ—— 功率因数

则：
$$\varphi = K R_e^x \qquad (9-8)$$

对于不打旋的系统重力影响极小，可忽略 F_r 的影响，即 $y = 0$。

则：
$$\varphi = N_p = K R_e^x \qquad (9-9)$$

因此，在双对数坐标纸上可标绘出 N_p 与 R_e 的关系曲线。

搅拌功率计算方法：

$$N = I \times V - (I^2 R + k n^{1.2}) \qquad (9-10)$$

式中：I—— 搅拌电机的电枢电流，A；

V—— 搅拌电机的电枢电压，V；

R—— 搅拌电机的内阻，本装置中 $R = 7.8\Omega$；

n—— 搅拌电机的转速，r/min；

k—— 常数，本实验中 $k = 0.0051$。

三、实验装置

本系统的两个主要由实验装置和上位机监控系统两部分构成。实验装置主要由搅拌槽、搅拌浆、转速表、调速器、直流电机、直流功率表、温度传感器、气泵、气体转子流量计、管道阀门及电控箱等组成。上位监控系统是以三维力控工控组态软件为平台进行设计，可在线查看各点的实时数据。

实验装置中搅拌槽直接注入水。气泵经过气体调节阀控制输出定量的气体，向搅拌槽中加入。温度传感器测得温度后传至无纸记录仪。直流功率表可以测得电压、电流、功率值。装置流程如图9-1所示。

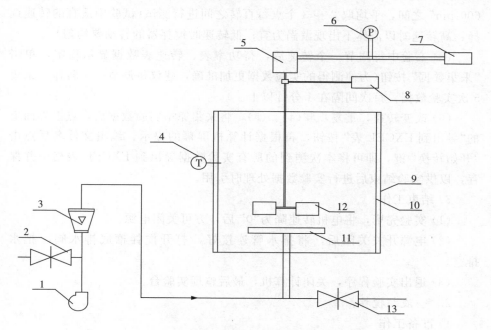

图 9-1 装置流程示意图

1—气泵；2—旁路阀；3—气体流量计；4—温度传感器；5—直流电机；6—直流功率表；7—直流调速器；8—转速表；9—搅拌槽；10—挡板；11—气体分布器；12—搅拌桨；13—排水阀

四、实验步骤

1. 液-液相搅拌：

1) 准备工作

(1) 将桨叶紧固螺丝用内六角扳手拧紧，保证搅拌桨叶与搅拌杆固定牢固。

(2) 将搅拌槽中注入自来水，液面高度为3/5～4/5适宜。

(3) 取少量酚酞溶解于水中。

(4) 取少量氢氧化钠溶解于水中。

(5) 运行上位机监控工程软件，进入系统界面。

2）操作

（1）打开总电源，直流功率表、转速表均显示"0"。

（2）单击系统界面上的"液-液相搅拌功率曲线测定实验"按钮，进入"液-液相搅拌功率曲线测定实验"界面。

（3）单击"实验数据采集界面"按钮，进入"实验数据采集"界面。

（4）缓慢调节搅拌器调速旋钮，电机开始转动，转速范围在"40～600rpm"之间，平均取2～3个点每百转之间进行测试（试验中适宜的转速选择：高转速时以流体不出现漩涡为宜；低转速时搅拌器的转动要均匀）。

（5）实验中每调节一个转速后，待功率表、转速表数据显示稳定，单击"采集数据"按钮（为使测得的实验数据更加准确，建议每调节一次转速，采集5次实验数据，每次间隔在1分钟以上。）。

（6）改变转速，重复步骤（4）、（5），将采集完毕实验数据后，点击界面上的"导出到EXCEL表"按钮，再根据计算机屏幕的提示，编辑文件名后点击"开始转换"键，即可将本次测到的所有实验数据导出到EXCEL表格中并保存，以供实验结束后进行实验数据处理时引用。

3）结束工作

（1）实验完毕，将电机转速降为"0"后，方可关闭电源。

（2）电源开关关闭后，将排水管连接好，打开搅拌槽底排水阀，把水排空。

（3）退出实验程序，关闭计算机，最后整理实验台。

2．气-液相搅拌：

1）准备工作

（1）将桨叶紧固螺丝用内六角扳手打紧，保证搅拌桨叶与搅拌杆固定牢固。

（2）将气体转子流量计调节阀打开。

（3）运行上位机监控工程软件，进入系统界面。

2）操作

（1）打开总电源，直流功率表、转速表均显示"0"。

（2）按下气泵控制按钮，调节气体流量计调节阀开度及旁路阀开度，使气体流量维持在（0.16～0.3）m^3/h。

（3）单击系统上的"气-液相搅拌实验"按钮，进入"气-液相搅拌实验"界面。

（4）单击"实验数据采集界面"按钮，进入"实验数据采集"界面。

（5）缓慢调节搅拌器调速旋钮，电机开始转动，转速范围在"40～600rpm"之间，平均取2～3个点每百转之间进行测试（试验中适宜的转速选择：高转速时以流体不出现漩涡为宜；低转速时搅拌器的转动要均匀）。

（6）实验中每调节一个转速后，待转速表、功率表数据显示稳定，单击"采集数据"按钮（为使测得的实验数据更准确，建议每调节一次转速，采集5次实验数据，每次间隔1分钟以上。）。

（7）改变转速，重复步骤（5）、（6），将实验数据采集完毕后，点击界面上的"导出到 EXCEL 表"按钮，再根据计算机屏幕的提示，编辑文件名后点击"开始转换"键，即可将本次测到的所有实验数据导出到 EXCEL 表格中并保存，以供实验结束后进行实验数据处理时引用。

3）结束工作

（1）实验完毕，先关闭气泵控制按钮；待将电机转速降为"0"后，方可关闭电源。

（2）电源开关关闭后，将排水管连接好，打开搅拌槽底排水阀，把水排空。

（3）退出实验程序，关闭计算机，最后整理实验台。

五、数据处理与注意事项

1. 数据处理

专业＿＿＿＿＿＿＿＿　姓名＿＿＿＿＿＿＿＿　学　号＿＿＿＿＿＿＿＿

日期＿＿＿＿＿＿＿＿　地点＿＿＿＿＿＿＿＿　装置号＿＿＿＿＿＿＿＿

表 1　液-液相搅拌实验数据记录表

液-液相搅拌功率曲线测定实验数据					
序号	转速 n（r/min）	电流 I（A）	电压 V（V）	搅拌功率 N（W）	搅拌雷诺数 Re	功率特征数 Np
1						
2						
3						
4						
5						
6						
7						
8						
9						

表 2　气-液相搅拌实验数据记录表

气-液相搅拌功率曲线测定实验数据						
序号	转速 n (r/min)	电流 I (A)	电压 V (V)	搅拌功率 N (W)	搅拌雷 诺数 Re	功率特 征数 Np
1						
2						
3						
4						
5						
6						
7						
8						
9						

2. 注意事项

（1）熟悉实验装置流程，然后再进行操作。

（2）实验过程中液位不得太高，以免溅出搅拌槽。

（3）实验过程中，搅拌转速不可过快，以免产生大的漩涡及损坏电机。

六、思考题

（1）搅拌功率曲线对几何相似的搅拌装置能否共用？

（2）试说明测定 $N_p \sim R_e$ 曲线的有何实际意义？

（3）实验误差分析。

实验十　串联流动反应器停留时间分布的测定

一、实验目的

（1）通过实验了解：利用电导率测定停留时间分布的基本原理和实验方法。

（2）掌握停留时间分布的统计特征值的计算方法。

（3）学会用理想反应器串联模型来描述实验系统的流动特性。

（4）了解微机系统数据采集的方法。

二、基本原理

本实验停留时间分布测定所采用的主要是示踪响应法。它的原理是：在反应器入口用电磁阀控制的方式加入一定量的示踪剂 KNO_3，通过电导率仪测量反应器出口处水溶液电导率的变化，间接地描述反应器流体的停留时间。常用的示踪剂加入方式有脉冲输入、阶跃输入和周期输入等。本实验选用脉冲输入法。

脉冲输入法是指在较短的时间内（0.1～1.0秒），向设备内一次注入一定量的示踪剂，同时开始计时并不断分析出口示踪物料的浓度 $c(t)$ 随时间的变化。由概率论可知，概率分布密度 $E(t)$ 就是系统的停留时间分布密度函数。因此，$E(t)\mathrm{d}t$ 就代表了流体粒子在反应器内停留时间介于 $t-\mathrm{d}t$ 间的概率。

在反应器出口处测得的示踪计浓度 $c(t)$ 与时间 t 的关系曲线叫响应曲线。由响应曲线可以计算出 $E(t)$ 与时间 t 的关系，并绘出 $E(t)-t$ 关系曲线。计算方法是对反应器作示踪剂的物料衡算，即

$$Qc(t)\,\mathrm{d}t = mE(t)\,\mathrm{d}t \tag{10-1}$$

式中 Q 表示主流体的流量，m 为示踪剂的加入量，示踪剂的加入量可以用下式计算

$$m = \int_0^\infty Qc(t)\,\mathrm{d}t \tag{10-2}$$

在 Q 值不变的情况下，由式(10-1)和式(10-2)求出

$$E(t) = \frac{c(t)}{\int_0^\infty c(t)\mathrm{d}t} \qquad (10-3)$$

关于停留时间分布的另一个统计函数是停留时间分布函数 $F(t)$，即

$$F(t) = \int_0^\infty E(t)\mathrm{d}t \qquad (10-4)$$

用停留时间分布密度函数 $E(t)$ 和停留时间分布函数 $F(t)$ 来描述系统的停留时间，给出了很好的统计分布规律。但是为了比较不同停留时间分布之间的差异，还需引进两个统计特征，即数学期望和方差。

数学期望对停留时间分布而言就是平均停留时间 $\bar{t}$，即

$$\bar{t} = \frac{\int_0^\infty tE(t)\mathrm{d}t}{\int_0^\infty E(t)\mathrm{d}t} = \int_0^\infty tE(t)\mathrm{d}t \qquad (10-5)$$

方差是和理想反应器模型关系密切的参数。它的定义是：

$$\sigma_t^2 = \int_0^\infty t^2 E(t)\mathrm{d}t - \overline{t^2} \qquad (10-6)$$

对活塞流反应器 $\sigma_t^2 = 0$；而对全混流反应器 $\sigma_t^2 = \overline{t^2}$

$$N = \frac{\overline{t^2}}{\sigma_t^2} \qquad (10-7)$$

当 N 为整数时，代表该非理想流动反应器可用 N 个等体积的全混流反应器的串联来建立模型。当 N 为非整数时，可以用四舍五入的方法近似处理，也可以用不等体积的全混流反应器串联模型。

三、实验装置

反应器为有机玻璃制成的搅拌釜，其有效容积为 1000ml，搅拌方式为叶轮搅拌，流程中配有图 10-1 这样的四个搅拌釜。示踪剂 KNO_3 是通过一个电磁阀瞬时注入反应器，在不同时刻、浓度 $c(t)$ 的检测通过电导率仪完成。

图 10-1　数据采集原理方框图

电导率仪的传感为铂电极，当含有 KCl 的水溶液通过安装在釜内液相出口处铂电极时，电导率仪将浓度 $c(t)$ 转化为毫伏级的直流电压信号，该信号经放大器与 A/D 转机卡处理后，由模拟信号转换为数字信号。该代表浓度 $c(t)$ 的数字信号在微机内用预先输入的程序进行数据处理并计算出每釜平均停留时间和方差以及 N 后，由打印机输出。

实验仪器：

反应器为有机玻璃制成的搅拌釜（1000ml）	3 个
D－7401 型电动搅拌器	3 个
DDS－11C 型电导率仪	3 个
LZB 型转子流量计（DN＝10mm，L＝10 ~ 100l/h）	1 个
DF2－3 电磁阀（PN0.8MPa 220V）	1 个
压力表（量程 0 ~ 1.6MPa．精度 1.5 级）	3 个
数据采集与 A/D 转换系统	1 套
控制与数据处理微型计算机	1 台
打印机	1 台

实验试剂：

主流体	自来水
示踪剂	KCl 饱和溶液

四、实验步骤

（1）打开系统电源，使电导率预热一个小时。

（2）打开自来水阀门向贮水槽进水，开动水泵，调节转子流量计的流量，待各釜内充满水后将流量调至 30L/h，打开各釜放空阀，排净反应器内残留的空气。

（3）将预先配制好的饱和 KNO_3 溶液加入示踪剂瓶内，注意将瓶口小孔与大气连通。实验过程中，根据实验项目（单釜或三釜）将指针阀转向对应的实验釜。

（4）观察各釜的电导率值，并逐个调零和满量程，各釜所测定值应基本相同。

（5）启动计算机数据采集系统，使其处于正常工作状态。

（6）输入实验条件：将进水流量输入微机内，可供实验报告生成。

（7）在同一个水流量条件下，分别进行 2 个搅拌转速的数据采集；也可以在相同转速下改变液体流量，依次完成所有条件下的数据采集。

（8）选择进样时间为 0.1 ~ 1.0s，按"开始"键自动进行数据采集，每次采集时间约需 35 ~ 40min。结束时按"停止"键，并立即按"保存数据"键存储数据。

（9）打开"历史记录"选择相应的保存文件进行数据处理，实验结果可保存或打印。

（10）结束实验：先关闭自来水阀门，再依次关闭水泵、搅拌器、电导率仪和总电源；关闭计算机，将仪器复原。

五、数据处理

以进水流量为50升/小时为例，取第三釜曲线，取20个点，计算多釜串联中的模型参数 N，可以直接读出时间及电导率的数值（由于电导率与浓度之间存在线性关系，故可以直接对电导率进行复化辛普森积分，求出平均停留时间和方差，并以此可以求出模型参数 N。

用复化辛普森公式求积分

$$\int_0^\infty f(t)\mathrm{d}t = \frac{h}{6}\left[f(a) + 4\sum_{k=0}^{n-1} f(x_{k+\frac{1}{2}}) + 2\sum_{k=1}^{n-1} f(x_k) + f(b)\right]$$

$h = 596/10 = 59.6$

$n = 10$

$$\int_0^\infty C(t)\mathrm{d}t = \frac{h}{6}\left[C_0 + 4\sum_{k=0}^9 C_{k+\frac{1}{2}} + 2\sum_{k=1}^9 C_k + C_{10}\right] = 59.6/6[0.05 + 4 \times$$
$(0.192857 + 1.292857 + 1.735714 + 1.478571 + 1.05 + 0.692857 + 0.478571 + 0.292857 + 0.192857 + 0.121429) + 2 \times (0.692857 + 1.621429 + 1.65 + 1.221429 + 0.85 + 0.55 + 0.364286 + 0.264286 + 0.164286) + 0.05]$
$= 446.7162$

$$E(t) = \frac{C(t)}{\int_0^\infty C(t)\mathrm{d}t}$$

$$\bar{t} = \int_0^\infty tE(t)\mathrm{d}t = \frac{h}{6}\left[tE_0(t) + 4\sum_{k=0}^9 tE_{k+\frac{1}{2}}(t) + 2\sum_{k=0}^9 tE_k(t) + tE_{10}(t)\right] =$$
$59.6/6[0 + 4 \times (0.013937 + 0.280282 + 0.627151 + 0.747935 + 0.682898 + 0.550757 + 0.449587 + 0.317447 + 0.236924 + 0.166724) + 2 \times (0.100138 + 0.468686 + 0.715416 + 0.706125 + 0.614246 + 0.476944 + 0.368548 + 0.305575 + 0.213696) + 0.072264] = 241.4354$

$$\int_0^\infty t^2 E(t)\mathrm{d}t = \frac{h}{6}\left[t^2 E_0(t) + 4\sum_{k=0}^9 t^2 E_{k+\frac{1}{2}}(t) + 2\sum_{k=0}^9 t^2 E_k(t) + t^2 E_{10}(t)\right] =$$
$59.6/6[0 + 4 \times (0.415313 + 25.05723 + 93.44547 + 156.0193 + 183.1531 + 180.5382 + 174.17 + 141.8987 + 120.0255 + 94.39915) + 2 \times (5.968204 + 55.86731 + 127.9165 + 168.3403 + 183.0454 + 170.5553 + 153.7582 + 145.698$

$$+114.6264)+43.06952]=69246.35$$

$$\sigma_t^2=\int_0^\infty t^2E(t)\mathrm{d}t-\bar{t}^2=10955.3$$

$$N=\frac{\bar{t}^2}{\sigma_t^2}=5.320811$$

t/s	$c(t)$	$e(t)$	$tE(t)$	$t*2E(t)$
0	0.05	0.000121	0	0
29.8	0.192857	0.000468	0.013937	0.415313
59.6	0.692857	0.00168	0.100138	5.968204
89.4	1.292857	0.003135	0.280282	25.05723
119.2	1.621429	0.003932	0.468686	55.86731
149	1.735714	0.004209	0.627151	93.44547
178.8	1.65	0.004001	0.715416	127.9165
208.6	1.478571	0.003586	0.747935	156.0193
238.4	1.221429	0.002962	0.706125	168.3403
268.2	1.05	0.002546	0.682898	183.1531
298	0.85	0.002061	0.614246	183.0454
327.8	0.692857	0.00168	0.550757	180.5382
357.6	0.55	0.001334	0.476944	170.5553
387.4	0.478571	0.001161	0.449587	174.17
417.2	0.364286	0.000883	0.368548	153.7582
447	0.292857	0.00071	0.317447	141.8987
476.8	0.264286	0.000641	0.305575	145.698
506.6	0.192857	0.000468	0.236924	120.0255
536.4	0.164286	0.000398	0.213696	114.6264
566.2	0.121429	0.000294	0.166724	94.39915
596	0.05	0.000121	0.072264	43.06952

六、思考题

（1）既然反应器的个数是 3 个，模型参数 N 又代表全混流反应器的个数，那么 N 就是应该 3 吗？若不是，为什么？

（2）全混流反应器具有什么特征？如何利用实验方法判断搅拌釜是否达到全混流反应器的模型要求？如果尚未达到，如何调整实验条件使其接近这一理想模型？

（3）测定搅拌釜中停留时间的意义何在？

实验十一　管式反应器流动特性测定实验

一、实验目的

（1）了解连续均相管式循环反应器的返混特性；

（2）分析观察连续均相管式循环反应器的流动特征；

（3）研究不同循环比下的返混程度，计算模型参数 n。

二、基本原理

在工业生产上，对某些反应为了控制反应物的合适浓度，以便控制温度、转化率和收率，同时需要使物料在反应器内有足够的停留时间，并具有一定的线速度，而将反应物的一部分物料返回到反应器进口，使其与新鲜的物料混合再进入反应器进行反应。在连续流动的反应器内，不同停留时间的物料之间的混和称为返混。对于这种反应器循环与返混之间的关系，需要通过实验来测定。

在连续均相管式循环反应器中，若循环流量等于零，则反应器的返混程度与平推流反应器相近，由于管内流体的速度分布和扩散，会造成较小的返混。若有循环操作，则反应器出口的流体被强制返回反应器入口，也就是返混。返混程度的大小与循环流量有关，通常定义循环比 R 为：

$$R = \frac{循环物料的体积流量}{离开反应器物料的体积流量}$$

其中，离开反应器物料的体积流量就等于进料的体积流量

循环比 R 是连续均相管式循环反应器的重要特征，可自零变至无穷大。

当 $R = 0$ 时，相当于平推流管式反应器；

当 $R = \infty$ 时，相当于全混流反应器。

因此，对于连续均相管式循环反应器，可以通过调节循环比 R，得到不同返混程度的反应系统。一般情况下，循环比大于 20 时，系统的返混特性已

经非常接近全混流反应器。

返混程度的大小，一般很难直接测定，通常是利用物料停留时间分布的测定来研究。然而测定不同状态的反应器内停留时间分布时，我们可以发现，相同的停留时间分布可以有不同的返混情况，即返混与停留时间分布不存在一一对应的关系，因此不能用停留时间分布的实验测定数据直接表示返混程度，而要借助于反应器数学模型来间接表达。

停留时间分布的测定方法有脉冲法、阶跃法等，常用的是脉冲法。当系统达到稳定后，在系统的入口处瞬间注入一定量 Q 的示踪物料，同时开始在出口流体中检测示踪物料的浓度变化。

由停留时间分布密度函数的物理含义，可知

$$f(t)\,\mathrm{d}t = V \cdot C(t)\,\mathrm{d}t / Q$$

$$Q = \int_0^\infty VC(t)\,\mathrm{d}t$$

所以
$$f(t) = \frac{VC(t)}{\int_0^\infty VC(t)\,\mathrm{d}t} = \frac{C(t)}{\int_0^\infty C(t)\,\mathrm{d}t}$$

由于电导率与浓度之间存在线性关系，故可以直接对电导率进行复化辛普森积分，其公式如下：

$$\int_0^\infty f(t)\,\mathrm{d}t = \frac{h}{6}\left[f(a) + 4\sum_{k=0}^{n-1} f(x_{k+\frac{1}{2}}) + 2\sum_{k=1}^{n-1} f(x_k) + f(b) \right]$$

其中，h—— 为所记录数据的总时间；

n—— 为所要处理的数据个数；

a—— 为第一组数据；

b—— 为最后一组数据。

由此可见 $f(t)$ 与示踪剂浓度 $C(t)$ 成正比。因此，本实验中用水作为连续流动的物料，以饱和 KCl 作示踪剂，在反应器出口处检测溶液电导值。在一定范围内，浓度 KCl 与电导值成正比，则可用电导值来表达物料的停留时间变化关系，即 $f(t) \propto L(t)$，这里 $L(t) = L_t - L_\infty$，L_t 为 t 时刻的电导值，L_∞ 为无示踪剂时电导值。

由实验测定的停留时间分布密度函数 $f(t)$，有两个重要的特征值，即平均停留时间 $\bar{t}$ 和方差 σ_t^2，可由实验数据计算得到。若用离散形式表达，并取相同时间间隔 Δt，则：

$$\bar{t} = \frac{\Sigma t C(t) \Delta t}{\Sigma C(t) \Delta t} = \frac{\Sigma t \cdot L(t)}{\Sigma L(t)} \qquad \bar{t} = \frac{\int_0^\infty t C(t)\,\mathrm{d}t}{\int_0^\infty C(t)\,\mathrm{d}t} = \frac{\int_0^\infty t L(t)\,\mathrm{d}t}{\int_0^\infty L(t)\,\mathrm{d}t} = \int_0^\infty t L(t)\,\mathrm{d}t$$

$$\sigma_t^2 = \frac{\int_0^\infty t^2 C(t)\,\mathrm{d}t}{\int_0^\infty C(t)\,\mathrm{d}t} - (\bar{t})^2 = \int_0^\infty t^2 C(t)\,\mathrm{d}t - \bar{t}^2 = \int_0^\infty t^2 L(t)\,\mathrm{d}t - \bar{t}^2$$

若用无因次对比时间 θ 来表示，即 $\theta = t\ /\ \bar{t}$，

无因次方差 $\sigma_\theta^2 = \sigma_t^2\ /\ \bar{t}^2$。

在测定了一个系统的停留时间分布后，如何来评介其返混程度，则需要用反应器模型来描述，这里我们采用的是多釜串联模型。

所谓多釜串联模型是将一个实际反应器中的返混情况作为与若干个全混釜串联时的返混程度等效。这里的若干个全混釜个数 n 是虚拟值，并不代表反应器个数，n 称为模型参数。多釜串联模型假定每个反应器为全混釜，反应器之间无返混，每个全混釜体积相同，则可以推导得到多釜串联反应器的停留时间分布函数关系，并得到无因次方差 σ_θ^2 与模型参数 n 存在关系为：

$$n = \frac{1}{\sigma_\theta^2} = \frac{\bar{t}^2}{\sigma_t^2}$$

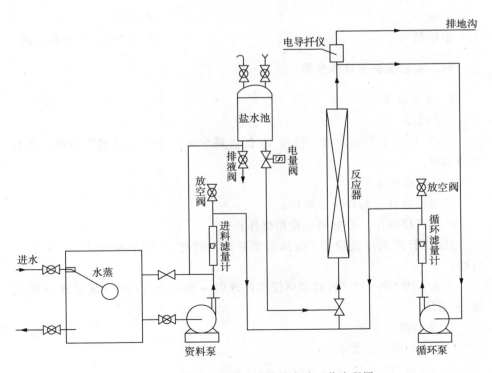

图 11-1　管式反应器流动特性实验工艺流程图

三、实验装置与流程

本实验装置由管式反应器和循环系统组成，连续流动物料为水，示踪剂为食盐水。实验时，水从水箱用进料泵往上输送，经进料流量计测量流量后，进入管式反应器。在反应器顶部分为两路，一路到循环泵经循环流量记测量流量后进入反应器；一路经电导仪测量电导后排入地沟。待系统稳定后，食盐从盐水池通过电磁阀快速进入反应器。

实验仪器：

反应器为有机玻璃制成管式反应器（1000ml）　　　1个

DDS－11C型电导率仪　　　1个

LZB型转子流量计：

进料：2.5～25L/h　　　1个

循环：16～160L/h　　　1个

DF2－3电磁阀（PN0.8MPa 220V）　　　1个

磁力驱动泵　　MP－20RZ　　　2个

实验试剂：

主流体　　　　　　　　　　自来水

示踪剂　　　　　　　　　　0.017mol/L食盐溶液

四、实验准备与操作步骤

1. 实验准备

（1）药品

0.017mol/L食盐溶液：称量5g食盐到500ml水中，玻璃棒搅拌，使其溶解即可。

（2）实验准备工作

熟悉流量计、循环泵的操作；

熟悉进样操作，可抽清水模拟操作；

熟悉"管式循环反应器"数据采集系统的操作，开始→结束→保存→打印；

熟悉EPSON-1600K打印机操作，开启→装一页A4纸→进纸键→联机键→打印。

2. 实验操作步骤

（1）实验内容和要求

① 实验内容

用脉冲示踪法测定循环反应器停留时间分布；

改变循环比，确定不同循环比下的系统返混程度；

观察循环反应器的流动特征。

② 实验要求

控制系统的进口流量 15L/h，采用不同循环比 $R=0$，3，5，通过测定停留时间的方法，借助多釜串联模型度量不同循环比下系统的返混程度。

（2）操作要点：

① 实验循环比做三个，$R=0$，3，5；

② 调节流量稳定后方可注入示踪剂，整个操作过程中注意控制流量；

③ 为便于观察，示踪剂中加入了颜料。抽取时勿吸入底层晶体，以免堵塞；

④ 一旦失误，应等示踪剂出峰全部走平后，再重做。

（3）实验步骤：

① 开车步骤

a. 通电：开启电源开关，将电导率仪预热，以备测量。开电脑，打开"管式循环反应器数据采集"软件，准备开始。

b. 通水：首先要放空，开启进料泵，让水注满管道，缓慢打开放空阀，有水注喷出即放空成功。其次使水注满反应管，并从塔顶稳定流出，此时调节进水流量为 15L/h，保持流量稳定。

c. 循环进料：首先要放空，开启循环水泵，让水注满管道，缓慢打开放空阀，有水注喷出即放空成功。其次通过调节流量计阀门的开度，调节循环水的流量。

② 进样操作

a. 将预先配置好的食盐溶液加入盐水池内，待系统稳定后，迅速注入示踪剂（0.1 ～ 1.0s），即点击软件上"注入盐溶液"图标，自动进行数据采集，每次采集时间约需 35 ～ 40min。

b. 当电脑记录显示的曲线在 2min 内觉察不到变化时，即认为终点已到，点击"停止"键，并立即按"保存数据"键存储数据。

c. 打开"历史记录"选择相应的保存文件进行数据处理，实验结果可保存或打印。

d. 改变条件，即改变循环比 $R=0$，3，5，重复 ① ～ ③ 步骤。

③ 结束步骤

先关闭自来水阀门，再依次关闭流量计、水泵、电导率仪、总电源；关闭计算机，将仪器复原。

五、数据处理

以进水流量为 50L/h 的附图为例，取 20 个点，计算管式反应器的模型参

数 N，可以直接读出时间及电导率的数值（由于电导率与浓度之间存在线性关系），故可以直接对电导率进行复化辛普森积分，求出平均停留时间和方差，并以此可以求出模型参数 N。

用复化辛普森公式求积分

$$\int_0^\infty f(t)\mathrm{d}t = \frac{h}{6}\left[f(a) + 4\sum_{k=0}^{n-1} f(x_{k+\frac{1}{2}}) + 2\sum_{k=1}^{n-1} f(x_k) + f(b) \right]$$

$$h = 596/10 = 59.6$$

$$n = 10$$

$$\int_0^\infty C(t)\mathrm{d}t = \frac{h}{6}\left[C_0 + 4\sum_{k=0}^{9} C_{k+\frac{1}{2}} + 2\sum_{k=1}^{9} C_k + C_{10} \right] = 59.6/6[0.05 + 4 \times$$

$(0.192857 + 1.292857 + 1.735714 + 1.478571 + 1.05 + 0.692857 + 0.478571 +$

$0.292857 + 0.192857 + 0.121429) + 2 \times (0.692857 + 1.621429 + 1.65 +$

$1.221429 + 0.85 + 0.55 + 0.364286 + 0.264286 + 0.164286) + 0.05]$

$= 446.7162$

$$E(t) = \frac{C(t)}{\displaystyle\int_0^\infty C(t)\mathrm{d}t}$$

$$\bar{t} = \int_0^\infty tE(t)\mathrm{d}t = \frac{h}{6}\left[tE_0(t) + 4\sum_{k=0}^{9} tE_{k+\frac{1}{2}}(t) + 2\sum_{k=0}^{9} tE_k(t) + tE_{10}(t) \right] =$$

$59.6/6[0 + 4 \times (0.013937 + 0.280282 + 0.627151 + 0.747935 + 0.682898 +$

$0.550757 + 0.449587 + 0.317447 + 0.236924 + 0.166724) + 2 \times (0.100138 +$

$0.468686 + 0.715416 + 0.706125 + 0.614246 + 0.476944 + 0.368548 +$

$0.305575 + 0.213696) + 0.072264] = 241.4354$

$$\int_0^\infty t^2E(t)\mathrm{d}t = \frac{h}{6}\left[t^2E_0(t) + 4\sum_{k=0}^{9} t^2E_{k+\frac{1}{2}}(t) + 2\sum_{k=0}^{9} t^2E_k(t) + t^2E_{10}(t) \right] =$$

$59.6/6[0 + 4 \times (0.415313 + 25.05723 + 93.44547 + 156.0193 + 183.1531 +$

$180.5382 + 174.17 + 141.8987 + 120.0255 + 94.39915) + 2 \times (5.968204 +$

$55.86731 + 127.9165 + 168.3403 + 183.0454 + 170.5553 + 153.7582 + 145.698$

$+ 114.6264) + 43.06952] = 69246.35$

$$\sigma_t^2 = \int_0^\infty t^2E(t)\mathrm{d}t - \bar{t}^2 = 10955.3$$

$$N = \frac{\bar{t}^2}{\sigma_t^2} = 5.320811$$

t/s	$c(t)$	$e(t)$	$tE(t)$	$t*2E(t)$
0	0.05	0.000121	0	0
29.8	0.192857	0.000468	0.013937	0.415313
59.6	0.692857	0.00168	0.100138	5.968204
89.4	1.292857	0.003135	0.280282	25.05723
119.2	1.621429	0.003932	0.468686	55.86731
149	1.735714	0.004209	0.627151	93.44547
178.8	1.65	0.004001	0.715416	127.9165
208.6	1.478571	0.003586	0.747935	156.0193
238.4	1.221429	0.002962	0.706125	168.3403
268.2	1.05	0.002546	0.682898	183.1531
298	0.85	0.002061	0.614246	183.0454
327.8	0.692857	0.00168	0.550757	180.5382
357.6	0.55	0.001334	0.476944	170.5553
387.4	0.478571	0.001161	0.449587	174.17
417.2	0.364286	0.000883	0.368548	153.7582
447	0.292857	0.00071	0.317447	141.8987
476.8	0.264286	0.000641	0.305575	145.698
506.6	0.192857	0.000468	0.236924	120.0255
536.4	0.164286	0.000398	0.213696	114.6264

六、思考题

（1）选择一组实验数据，用离散方法计算平均停留时间、方差，从而计算无因次方差和模型参数，要求写清计算步骤。并与计算机计算结果比较，分析偏差原因。

（2）何谓循环比？循环反应器的特征是什么？

（3）计算出不同条件下系统的平均停留时间，分析偏差原因。

（4）计算模型参数 n，讨论不同条件下系统的返混程度大小。

（5）讨论一下如何限制返混或加大返混程度。

实验十二　三组分体系液–液平衡数据测定实验

为什么？

液液萃取是化工过程中一种重要的分离方法，它在节能研究上的优越性尤其显著，同时，液液相平衡数据是萃取过程设计及操作的主要依据，平衡数据的获得主要依赖于实验测定。

一、实验目的

(1) 了解液液平衡数据的测定原理。

(2) 掌握液液平衡数据的测定方法。

(3) 学会三角形相图的绘制，以及分配系数 K、选择性系数 β 的计算。

二、基本原理

1. 乙醇–环己烷–水三元物系溶解度测定的原理

乙醇和环已烷、乙醇和水均为互溶体系，但水在环已烷中溶解度很小。在一定温度下，向乙醇–环己烷溶液中加入水，当加入的水达到一定数量时，原本均匀清晰的溶液开始逐渐分裂成水、油二相，此时溶液体系不再均匀。当物系发生相变时，液体会由清变浊。乙醇–环已烷的起始浓度和给定温度决定了体系变浊所需的加水量。利用体系在相变时的清亮和浑浊现象就可以测定体系中各组分之间的互溶度。一般情况下，由于液体由清变浊肉眼更易于分辨，所以本实验采用先配制乙醇–环已烷溶液，然后加入第三组分水，直到溶液出现混浊，乙醇–环己烷–水三元物系的溶解度即可通过逐一称量各组分来确定平衡组成。

2. 平衡结线测定的原理

在定温、定压下，三元液液平衡体系的自由度为1，这说明在溶解度曲线上只要确定一个特性值就能确定三元物系的性质。在预先测制的浓度–折光指数关系曲线上查得相应组成，并通过测定在平衡时上层(油相)、下层(水相)的折光指数，便获得平衡结线。

3. 关于分配系数

在三元液液平衡体系中，若两相中溶质 A 的分子不变化，则 A 的分配系数 K 定义为

$$K_A = \frac{\text{溶质 } A \text{ 在萃取相中的浓度}(W_A\%)}{\text{溶质 } A \text{ 在萃余相中的浓度}(W_A\%)} \tag{12-1}$$

选择性系数 β 可定义为

$$\beta = \frac{\text{萃取相中 1 组分（溶剂水）与 2 组分（溶剂环已烷）的浓度比}}{\text{萃余相中 1 组分（溶剂）与 2 组分（溶剂）的浓度比}}$$

$$\tag{12-2}$$

虽然在三元液液平衡体系中，溶质和溶剂可能是相对的，但在具体的工业过程中，溶质和溶剂则是确定的。在本实验中，把乙醇看作溶质，而把水和环已烷看作溶剂 1 和溶剂 2。水相便是萃取相；油相便是萃余相（此时水为萃取剂）。

三、实验装置

如图 12-1 所示，本实验装置主要包括电磁搅拌器、液液平衡釜、恒温水槽、温度传感器及控制部分等。流程如图 1-2 所示：恒温水槽中的水起控温作用，由水泵经过管道流入液液平衡釜，再回到恒温水槽中循环使用。装置外形尺寸：$1800\,\mathrm{mm} \times 600\,\mathrm{mm} \times 1800\,\mathrm{mm}$。

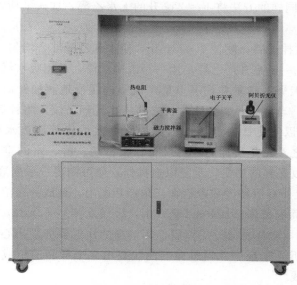

图 12-1　实验装置图

四、实验步骤

（1）打开恒温水槽的电源开关、加热开关。

（2）注意观察平衡釜温度计的变化，使之稳定在某个温度（可调节恒温水槽的温度表，如 25℃）。

（3）在三角烧瓶倒入大约 7 毫升环已烷，并在天平上称重（记下重量 G_2），然后将环已烷倒入平衡釜，再把三角烧瓶称重（记下重量 G_1）。于是得到倒入釜内环已烷的量为（$G_2 - G_1$）。用同样的方法将 1 毫升（2mL，3mL，4mL，5mL，6mL，7mL，8mL，9mL，10mL）的无水乙醇，加入平衡釜（记下相应的重量）

（4）打开搅拌器后，先搅拌 1～2min，使环已烷和乙醇完全混合均匀。

（5）抽取 2～3 毫升去离子水（根据加入无水乙醇的量而定），用一小医用针筒抽取，并用吸水纸轻轻擦去针尖外的水，然后在天平上称重并记下重量。缓慢地向釜内滴加针筒里的水，仔细观察溶液，当溶液开始变浊时，立即停止滴水，将针筒轻微倒抽（切不可滴过头），以便使针尖上的水抽回，然后将针筒连水称重并记下重量，两次重量之差便是所加的水量。根据烷、醇、水的重量，可算出变浊点组成。若改变醇的用量，重复以上操作，便可测得一系列溶解度数据。

（6）在三角烧瓶中倒入 7 毫升水，在天平上称重（记下重量 G_2'），然后将水倒入平衡釜，再将三角烧瓶称重（记下重量 G_1'）。于是得到倒入釜内水的量为（$G_2' - G_1'$）。用同样的方法将 1～2 毫升的无水乙醇，加入平衡釜（亦记下相应的重量）

（7）打开搅拌器后，搅拌 2～3min，使水和乙醇混合均匀。

（8）抽取 2～3 毫升环已烷，用一小医用针筒，并用吸水纸轻轻擦去尖外的环已烷，在天平上称重并记下重量。向釜内缓慢地滴加针筒里的环已烷，仔细观察溶液，当溶液开始变浊时，立即停止滴环已烷，将针筒轻微倒抽（切不可滴过头），以便使针尖上的环已烷抽回，然后将针筒连水称重，记下重量，两次重量之差便是所加的环已烷量。根据烷、醇、水的重量，可算出变浊点组成。若改变醇的用量，重复以上操作，便可测得一系列溶解度数据，

（9）将以上所有溶解度数据绘在三角形相图上，便成一条溶解度曲线。

（10）用针筒向釜内添加 1～2 毫升水，缓缓搅拌 1～2min，停止搅拌，静置 15～20min，待其充分分层以后，用洁净的注射器分别小心抽取上层和下层样品，测定折光指数，并通过标准曲线查出二个样品的组成。这样就能得到一条平衡结线。

（11）再向釜内添加 1～2 毫升水，重复步骤（10），测定下一组数据，要求

测 3～4 组数据(3 条平衡结线)。

(12) 结束实验,并整理实验室。

五、数据处理与注意事项

1. 数据处理

专业＿＿＿＿＿＿＿　姓名＿＿＿＿＿＿＿　学　号＿＿＿＿＿＿＿

日期＿＿＿＿＿＿＿　地点＿＿＿＿＿＿＿　装置号＿＿＿＿＿＿＿

表 1　液液平衡曲线测定实验记录表 1

实验条件	室温 $t/℃$	平衡釜温度 $t/℃$

表 2　溶解度测定记录

物　　质	量筒＋试样 (或针筒)重 g	量筒 (或针筒)重 g	组分重 g	W_t%
环己烷				
乙醇				
水				

表 3　25℃,乙醇-环己烷-水三元物系液液平衡溶解度数据(重量百分数)

No.	乙醇	环己烷	水
1	41.06	0.08	58.86
2	43.24	0.54	56.22
3	50.38	0.81	48.81
4	53.85	1.36	44.79
5	61.63	3.09	35.28
6	66.99	6.98	26.03
7	68.47	8.84	22.69
8	69.31	13.88	16.81
9	67.89	20.38	11.73
10	65.41	25.98	8.31
11	61.59	30.63	7.78
12	48.17	47.54	4.29
13	33.14	64.79	2.07
14	16.70	82.41	0.89

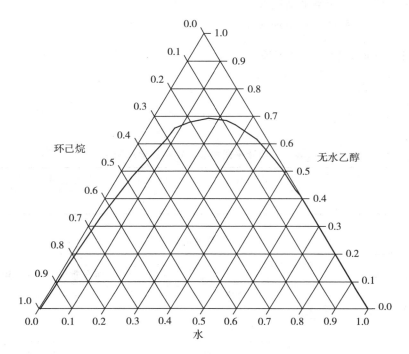

图 12-2　25℃乙醇-环己烷-水三元物系的溶解度曲线

2. 注意事项

（1）温度的控制对实验的准确率将有很大的影响，必须严格控制好温度。

（2）实验前先将液液平衡釜洗涤、烘干并冷却。

（3）样品取样分析时，需先将注射器用样品清洗 5～6 次。

六、思考题

（1）何谓平衡联结线，有什么性质？

（2）温度和压力对液液平衡有何影响？

（3）说明引起液体相分裂的原因。

（4）实验中能用甲醇代替乙醇吗？为什么？

实验十三　　筛板塔精馏过程实验

一、实验目的

（1）了解筛板精馏塔及其附属设备的基本结构，掌握精馏过程的基本操作方法。

（2）掌握判断系统达到稳定的方法，掌握测定塔顶、塔釜溶液浓度的实验方法。

（3）学习测定精馏塔全塔效率和单板效率的实验方法，研究回流比对精馏塔分离效率的影响。

二、基本原理

1. 全塔效率 E_T

全塔效率又称总板效率，是指达到指定分离效果所需理论板数与实际板数的比值，即

$$E_T = \frac{N_T - 1}{N_P} \tag{13-1}$$

式中：N_T——完成一定分离任务所需的理论塔板数，包括蒸馏釜；

N_P——完成一定分离任务所需的实际塔板数，本装置 $N_P = 10$。

全塔效率简单地反映了整个塔内塔板的平均效率，说明了塔板结构、物性系数、操作状况对塔分离能力的影响。对于塔内所需理论塔板数 N_T，可由已知的双组分物系平衡关系，以及实验中测得的塔顶、塔釜出液的组成，回流比 R 和热状况 q 等，用图解法求得。

2. 单板效率 E_M

单板效率又称莫弗里板效率，如图 13-1 所示，是指气相或液相经过一层实际塔板前后的组成变化值与经过一层理论塔板前后的组成变化值之比。

按气相组成变化表示的单板效率为

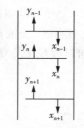

图 13-1　塔板
气液流向示意

$$E_{MV} = \frac{y_n - y_{n+1}}{y_n^* - y_{n+1}} \qquad (13-2)$$

按液相组成变化表示的单板效率为

$$E_{ML} = \frac{x_{n-1} - x_n}{x_{n-1} - x_n^*} \qquad (13-3)$$

式中，y_n，y_{n+1}——离开第 n、$n+1$ 块塔板的气相组成，摩尔分数；

x_{n-1}，x_n——离开第 $n-1$、n 块塔板的液相组成，摩尔分数；

y_n^*，y_n^*——与 x_n 成平衡的气相组成，摩尔分数；

x_n^*——与 y_n 成平衡的液相组成，摩尔分数。

3. 图解法求理论塔板数 N_T

图解法又称麦卡勃–蒂列(McCabe-Thiele) 法，简称 $M-T$ 法。其原理与逐板计算法完全相同，只是将逐板计算过程在 $y-x$ 图上直观地表示出来。

精馏段的操作线方程为：

$$y_{n+1} = \frac{R}{R+1} x_n + \frac{x_D}{R+1} \qquad (13-4)$$

式中：y_{n+1}——精馏段第 $n+1$ 块塔板上升的蒸汽组成，摩尔分数；

x_n——精馏段第 n 块塔板下流的液体组成，摩尔分数；

x_D——塔顶溜出液的液体组成，摩尔分数；

R——泡点回流下的回流比。

提馏段的操作线方程为：

$$y_{m+1} = \frac{L'}{L'-W} x_m - \frac{W x_W}{L'-W} \qquad (13-5)$$

式中：y_{m+1}——提馏段第 $m+1$ 块塔板上升的蒸汽组成，摩尔分数；

x_m——提馏段第 m 块塔板下流的液体组成，摩尔分数；

x_W——塔底釜液的液体组成，摩尔分数；

L'——提馏段内下流的液体量，kmol/s；

W——釜液流量，kmol/s。

加料线(q 线) 方程可表示为：

$$y = \frac{q}{q-1} x - \frac{x_F}{q-1} \qquad (13-6)$$

其中：

$$q = 1 + \frac{c_{pF}(t_S - t_F)}{r_F} \qquad (13-7)$$

式中：q—— 进料热状况参数；

　　r_F—— 进料液组成下的汽化潜热，kJ/kmol；

　　t_S—— 进料液的泡点温度，℃；

　　t_F—— 进料液温度，℃；

　　c_{pF}—— 进料液在平均温度$(t_S - t_F)/2$下的比热容，kJ/(kmol℃)；

　　x_F—— 进料液组成，摩尔分数。

回流比R的确定：

$$R = \frac{L}{D} \tag{13-8}$$

式中：L—— 回流液量，kmol/s；

　　D—— 馏出液量，kmol/s。

式(13-8)只适用于泡点下回流时的情况，而实际操作时为了保证上升气流能完全冷凝，冷却水量一般都比较大，回流液温度往往低于泡点温度，即冷液回流。

如图13-2所示，从全凝器出来的温度为t_R、流量为L的液体回流进入塔顶第一块板，由于回流温度低于第一块塔板上的液相温度，离开第一块塔板的一部分上升蒸汽将被冷凝成液体。这样，塔内的实际流量将大于塔外回流量。

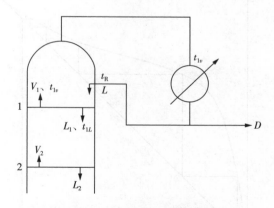

图13-2　塔顶回流示意图

对第一块板做物料、热量衡算：

$$V_1 + L_1 = V_2 + L \tag{13-9}$$

$$V_1 I_{V1} + L_1 I_{L1} = V_2 I_{V2} + L I_L \tag{13-10}$$

对式(13-9)和式(13-10)整理、化简后，近似可得：

$$L_1 \approx L\left[1 + \frac{c_p(t_{1L} - t_R)}{r}\right] \qquad (13-11)$$

即实际回流比：

$$R_1 = \frac{L_1}{D} \qquad (13-12)$$

$$R_1 = \frac{L\left[1 + \dfrac{c_p(t_{1L} - t_R)}{r}\right]}{D} \qquad (13-13)$$

式中：V_1、V_2——离开第 1、2 块板的气相摩尔流量，kmol/s；

L_1——塔内实际液流量，kmol/s；

I_{V1}、I_{V2}、I_{L1}、I_L——指对应 V_1、V_2、L_1、L 下的焓值，kJ/kmol；

r——回流液组成下的汽化潜热，kJ/kmol；

c_p——回流液在 t_{1L} 与 t_R 平均温度下的平均比热容，kJ/(kmol℃)。

（1）全回流操作

在精馏全回流操作时，操作线在 y-x 图上为对角线，如图 13-3 所示。根据塔顶、塔釜的组成在操作线和平衡线间作梯级，即可得到理论塔板数。

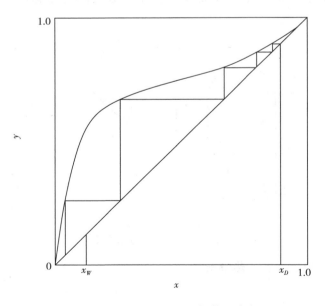

图 13-3　全回流时理论板数的确定

（2）部分回流操作

部分回流操作时，如图 13-4 所示。图解法的主要步骤为：

A. 根据物系和操作压力在 $y-x$ 图上作出相平衡曲线，并画出对角线作为辅助线；

B. 在 x 轴上定出 $x=x_D$、x_F、x_W 三点，依次通过这三点作垂线分别交对角线于点 a、f、b；

C. 在 y 轴上定出 $y_C=x_D/(R+1)$ 的点 c，连接 a、c 作出精馏段操作线；

D. 由进料热状况求出 q 线的斜率 $q/(q-1)$，过点 f 作出 q 线交精馏段操作线于点 d；

E. 连接点 d、b 作出提馏段操作线；

F. 从点 a 开始在平衡线和精馏段操作线之间画阶梯，当梯级跨过点 d 时，就改在平衡线和提馏段操作线之间画阶梯，直至梯级跨过点 b 为止；

G. 所画的总阶梯数就是全塔所需的理论踏板数（包含再沸器），跨过点 d 的那块板就是加料板，其中的阶梯数为精馏段的理论塔板数。

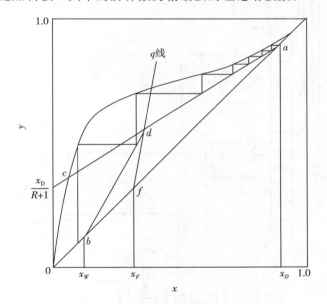

图 13-4 部分回流时理论板数的确定

三、实验装置和流程

本实验装置的主体设备是筛板精馏塔，配套的有加料系统、回流系统、产品出料管路、残液出料管路、进料泵和一些测量、控制仪表。

筛板塔主要结构参数：塔内径 $D=68mm$、厚度 $\delta=2mm$、塔节 $\Phi76\times4$、塔板数 $N=10$ 块、板间距 $HT=100mm$。加料位置自下向上数第 4 块和第 6 块。降液管采用弓形、齿形堰、堰长 $56mm$、堰高 $7.3mm$、齿深 $4.6mm$、齿数9个。降液管底隙4.5mm，筛孔直径$d_0=1.5$mm，正三角形排列，孔间距$t=5$mm，开孔数为74个。塔釜为内电加热式，加热功率2.5kW，有效容积为10L。塔顶冷凝器、塔釜换热器均为盘管式。单板取样为自下而上第1块和第10块，斜向上为液相取样口，水平管为气相取样口。

本实验料液为乙醇水溶液，釜内液体由电加热器产生蒸汽逐板上升，经与各板上的液体传质后，进入盘管式换热器壳程，冷凝成液体后再从集液器流出。一部分作为回流液从塔顶流入塔内，另一部分作为产品馏出，进入产品贮罐，残液经釜液转子流量计流入釜液贮罐。精馏过程如图13-5所示。

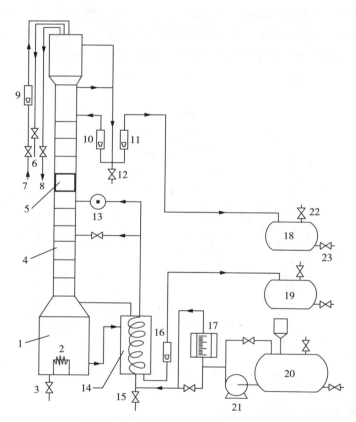

图13-5　筛板塔精馏塔实验装置图

1—塔釜；2—电加热器；3—塔釜排液口；4—塔节；5—玻璃视镜；6—不凝性气体出口；

7—冷却水进口；8—冷却水出口；9—冷却水流量计；10—塔顶回流流量计；

11—塔顶出料液流量计；12—塔顶出料取样口；13—进料阀（电磁阀）；

14—换热器；15—进料液取样口；16—塔釜残液流量计；17—进料液流量计；

18—产品灌；19—残液灌；20—原料灌；21—进料泵；22—排空阀；23—排液阀

四、实验步骤与注意事项

本实验的主要操作步骤如下：

1. 全回流

（1）配制浓度 10％ ～ 20％（体积百分比）的料液加入贮罐中，打开进料管路上的阀门，由进料泵将料液打入塔釜，观察塔釜液位计高度，进料至釜容积的 2/3 处。进料时可以打开进料旁路的闸阀，加快进料速度。

（2）关闭塔身进料管路上的阀门，启动电加热管电源，逐步增加加热电压，使塔釜温度缓慢上升（因塔中部玻璃部分较为脆弱，若加热过快玻璃极易碎裂，使整个精馏塔报废，故升温过程应尽可能缓慢）。

（3）打开塔顶冷凝器的冷却水，调节合适冷凝量，并关闭塔顶出料管路，使整塔处于全回流状态。

（4）当塔顶温度、回流量和塔釜温度稳定后，分别取塔顶浓度 XD 和塔釜浓度 XW，送色谱分析仪分析。

2. 部分回流

（1）在储料罐中配制一定浓度的乙醇水溶液（约 10％ ～ 20％）。

（2）待塔全回流操作稳定时，打开进料阀，调节进料量至适当的流量。

（3）控制塔顶回流和出料两转子流量计，调节回流比 $R(R = 1 \sim 4)$。

（4）打开塔釜残液流量计，调节至适当流量。

（4）当塔顶、塔内温度读数以及流量都稳定后即可取样。

3. 取样与分析

（1）进料、塔顶、塔釜从各相应的取样阀放出。

（2）塔板取样用注射器从所测定的塔板中缓缓抽出，取 1ml 左右注入事先洗净烘干的针剂瓶中，并给该瓶盖标号以免出错，各个样品尽可能同时取样。

（3）将样品进行色谱分析。

4. 注意事项

（1）塔顶放空阀一定要打开，否则容易因塔内压力过大导致危险。

（2）料液一定要加到设定液位 2/3 处方可打开加热管电源，否则塔釜液位过低会使电加热丝露出干烧致坏。

（3）如果实验中塔板温度有明显偏差，是由于所测定的温度是气液混合的温度。

五、实验报告

（1）将塔顶、塔底温度和组成，以及各流量计读数等原始数据记录列表。

（2）按全回流和部分回流分别用图解法计算理论板数。

（3）计算全塔效率和单板效率。

（4）分析并讨论实验过程中观察到的现象。

六、思考题

（1）测定全回流和部分回流时总板效率与单板效率各需测几个参数？取样位置在何处？

（2）全回流时测得板式塔上第 n、$n-1$ 层液相组成后，如何求得 x_n^*？部分回流时，又如何求 x_n^*？

（3）在全回流时，测得板式塔上第 n、$n-1$ 层液相组成后，能否求出第 n 层塔板上的以气相组成变化表示的单板效率？

（4）查取进料液的汽化潜热时定性温度取何值？

（5）若测得单板效率超过 100%，作何解释？

（6）试分析实验结果成功或失败的原因，提出改进意见。

实验十四　　共沸精馏实验

一、实验目的

（1）了解共沸精馏设备的构造。

（2）掌握共沸精馏的操作原理和步骤。

（3）测定共沸精馏的产品组分。

二、实验装置与流程

装置流程如图 14 - 1 所示。

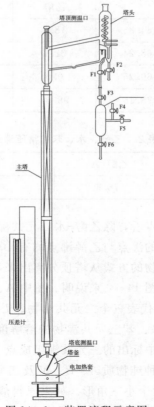

图 14 - 1　装置流程示意图

三、实验原理和方法

精馏是利用不同组份在气-液两相间的分配，通过多次气液两相间的传质和传热来达到分离的目的。对于不同的分离对象，精馏方法也会有所差异。例如：分离乙醇和水的二元物系。由于乙醇和水可以形成共沸物，而且常压下的共沸温度和乙醇的沸点温度极为相近，所以采用普通精馏方法只能得到乙醇和水的混合物，而无法得到无水乙醇。为此，在乙醇-水系统中加入第三种物质，该物质被称为共沸剂。共沸剂具有能和被分离系统中的一种或几种物质形成最低共沸物的特性。在精馏过程中共沸剂将以共沸物的形式从塔顶蒸出，塔釜则得到无水乙醇。这种方法就称作共沸精馏。

乙醇-水系统加入共沸剂苯以后可以形成四种共沸物。现将它们在常压下的共沸温度、共沸组成列于表1。

表1　乙醇水-苯三元共沸物性质

共沸物（简记）	共沸点 /℃	共沸物组成 t%		
		乙醇	水	苯
乙醇-水-苯（T）	64.85	18.5	7.4	74.1
乙醇-苯（AB_z）	68.24	32.7	0.0	67.63
苯 — 水（BW_z）	69.25	0.0	8.83	91.17
乙醇-水（AW_z）	78.15	95.57	4.43	0.0

表2　乙醇、水、苯的常压沸点

物质名称（简记）	乙醇（A）	水（W）	苯（B）
沸点温度（℃）	78.3	100	80.2

从表1和表2列出沸点看，除乙醇-水二元共沸物的共沸物与乙醇沸点相近之外，其余三种共沸物的沸点与乙醇沸点均有10℃左右的温度差。因此，可以设法使水和苯以共沸物的方式从塔顶分离出来，塔釜则得到无水乙醇。

整个精馏过程可以用图14-2来说明。图中 A、B、W 分别代表乙醇、苯和水，AB_z，AW_z，BW_z 代表三个二元共沸物、T 表示三元共沸物。图中的曲线为25℃下的乙醇、水、苯三元共沸物的溶解度曲线。该曲线的下方为两相区、上方为均相区。图中标出的三元共沸组成点 T 是处在两相区内。

以 T 为中心，连接三种纯物质 A、B、W 及三个二元共沸点组成点 AB_z、AW_z、BW_z 将该图分为六个小三角形。如果原料液的组成点落在不包含顶点 A 的某个小三角形内，当塔顶采用混相回流时，精馏的最终结果只能得到这个小三角形三个顶点所代表的物质。故要想得到无水乙醇，就应该保证原料液的组成点落在包含顶点 A 的小三角形内，即在 $\triangle ATAB_z$ 或 $\triangle ATAW_z$ 内。从沸点看，乙醇-水的共沸点和乙醇的沸点仅差 0.15℃ 就本实验的技术条件无法将其分开。而乙醇-苯的共沸点与乙醇的沸点相差 10.06℃，很容易将它们分离开来。所以分析的最终结果是将原料液的组成控制在 $\triangle ATAB_z$ 中。

图 14-2 中 F 代表未加共沸剂时原料乙醇、水混合物的组成。随着共沸剂苯的加入原料液的总组成点将沿着 FB 连线变化，并与 AT 线交于 H 点，这时共沸剂苯的加入量称作理论共沸剂用量，它是达到分离目的所需最少的共沸剂量。

上述分析只限于混相回流的情况，即回流液的组成等于塔顶上升蒸汽组成的情况。而塔顶采用分相回流时，由于富苯相中苯的含量很高，可以循环使用，因而苯的用量可以低于理论共沸剂的用量。分相回流也是实际生产中普遍采用的方法，它的突出优点是共沸剂的用量少，共沸剂提纯的费用低。

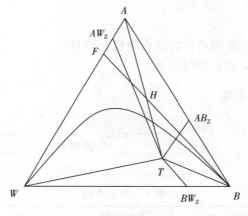

图 14-2

四、实验操作步骤及注意事项

（1）称取 180g95% 的乙醇和一定量的苯（通过共沸物的组成计算，参考量为 95g）加入塔釜中，并分别对原料乙醇和苯进行色谱分析，确定其组成。

（2）开塔顶冷却水。

（3）装好电加热套（加热套与塔釜之间应有间隔），先开启电源总开关，开启塔釜加热开关，顺时针方向调节电加热套上的电压给定旋钮，使电压表读数为 120 ～ 130V（注意不要电压过大，以免设备突然受热而损坏），加热至沸腾。同时打开上下段保温电源，顺时针方向调节保温电压给定旋钮，使电压维持在 20 ～ 50V。

（4）当塔顶有蒸汽并有回流液体出现时，全回流 1h 后（把富含水及时从塔顶排出），分析塔釜组成。开启回流比控制器，进行塔顶采出。

（5）将回流比调整到6：1，有回流比操作时，应开启回流比控制器给定比例（断电时间与通电时间的比值18：3，通常以秒计时，此比例即回流量与采出量之比）。

（6）间隔40min从塔釜取样分析一次。当塔顶、塔釜温度均稳定时，维持操作。

（7）乙醇含量达到99%后，开始蒸出过量苯，根据色谱分析结果，分次放出若干量蒸出液，直至将塔釜内苯蒸净。

（8）待塔釜中乙醇净含量大于99%时，停止实验。先将电加热套上的电压调节到零并关闭塔釜加热开关；再将上下段保温电压调节到零并关闭电源开关；最后停止回流比控制器。待釜内温度降至60℃以下时，关闭电源总开关，关闭冷却水。用电子天平称量塔釜料的质量并记录数据。

（9）根据所记录的数据，计算乙醇的收率。

（10）结束实验，整理实验台。

注意事项：

（1）加热之前一定要将反应混合物混合均匀。

（2）共沸精馏时不要忘记加沸石。

五、实验数据记录

专业_____ 姓名_____ 学　号_____

日期_____ 地点_____ 装置号_____

同组同学_____

表3　加入原料

类别	原料加入量(g)	乙醇含量	水含量	苯含量
乙醇				
苯				
混合后				

表4　温度记录

序号	测量位置	时刻				
1	塔釜温度 T_1/℃					
2	塔顶温度 T_2/℃					

表 5　实验过程中塔釜取样含量组成

序号	塔釜取样时间	组分含量（%）		
		水	乙醇	苯
1				
2				
3				

表 6　所得产物的质量

序号	塔釜(g)	富苯相(g)	富水相(g)
1			

表 7　所得产物质量组成

物相名称	组分含量（%）		
	水	乙醇	苯
富水相			
富苯相			
塔釜液			

六、实验报告

（1）根据实验，计算乙醇收率。

（2）列出一组完整的计算示例。

（3）对得到的实验结果进行分析讨论。

七、思考题

（1）共沸精馏的收率受那些因素影响？如何改变实验条件才能尽可能提高收率？

（2）如何计算共沸剂的加入量？

实验十五　乙苯脱氢制备苯乙烯

一、实验目的

（1）了解以乙苯为原料，氧化铁系为催化剂，在固定床单管反应器中制备苯乙烯的过程。

（2）学会稳定工艺操作条件的方法。

（3）掌握乙苯脱氢制苯乙烯的转化率、选择性、收率与反应温度的关系，找出最适宜的反应温度区域。

（4）学会使用温度控制和流量控制的一般仪表、仪器。

（5）了解气相色谱分析及使用方法。

二、实验原理

1. 本实验的主副反应

主反应：

$$\text{C}_6\text{H}_5\text{—CH}_2\text{—CH}_3 \longrightarrow \text{C}_6\text{H}_5\text{—CH}=\text{CH}_2 + \text{H}_2 \quad 117.8\text{kJ/mol}$$

副反应：

$$\text{C}_6\text{H}_5\text{—C}_2\text{H}_5 \longrightarrow \text{C}_6\text{H}_6 + \text{C}_2\text{H}_4 \quad 105\text{kJ/mol}$$

$$\text{C}_6\text{H}_5\text{—C}_2\text{H}_5 + \text{H}_2 \longrightarrow \text{C}_6\text{H}_6 + \text{C}_2\text{H}_6 \quad -31.5\text{kJ/mol}$$

$$\text{C}_6\text{H}_5\text{—C}_2\text{H}_5 + \text{H}_2 \longrightarrow \text{C}_6\text{H}_5\text{—CH}_3 + \text{C}_2\text{H}_4 \quad -54.4\text{kJ/mol}$$

在水蒸气存在的条件下，还可能发生下列反应：

$$\text{C}_6\text{H}_5\text{—C}_2\text{H}_5 + 2\text{H}_2\text{O} \longrightarrow \text{C}_6\text{H}_5\text{—CH}_3 + \text{CO}_2 + 3\text{H}_2$$

此外还有芳烃脱氢缩合及苯乙烯聚合生成焦油等。这些连串副反应的发生不仅使反应的选择性下降，而且极易使催化剂表面结焦进而活性下降。

2. 影响本反应的因素

(1) 温度的影响

乙苯脱氢反应为吸热反应从平衡常数与温度的关系式 $\left(\dfrac{\partial \ln K_p}{\partial T}\right)_p =$ $\dfrac{\Delta H^0}{RT^2}$（其中 $\Delta H^o > 0$）上可知，提高温度可增大平衡常数，从而提高脱氢反应的平衡转化率。但是温度过高副反应增加，使苯乙烯选择性下降，能耗增大，设备材质要求增加，故应控制适宜的反应温度（本实验的反应温度为：540℃ ～ 600℃）。

(2) 压力的影响

乙苯脱氢为体积增加的反应，从平衡常数与压力的关系式 $K_p = K_n = \left[\dfrac{P_总}{\sum n_i}\right]^{\Delta \gamma}$ 上可知，当 $\Delta \gamma > 0$ 时，降低总压 $P_总$ 可使 Kn 增大，从而增加了反应的平衡转化率，故降低压力有利于平衡向脱氢方向移动。本实验加水蒸气的目的是降低乙苯的分压，以提高乙苯的平衡转化率。较适宜的水蒸气用量为：水：乙苯＝1.5：1（体积比）或 8：1（摩尔比）。

(3) 空速的影响

乙苯脱氢反应系统中有平行副反应和连串副反应，随着接触时间的增加，副反应也增加，苯乙烯的选择性可能下降，故需采用较高的空速，以提高选择性。适宜的空速与催化剂的活性及反应温度有关，本实验乙苯的液空速以 $0.6h^{-1}$ 为宜。

3. 催化剂

本实验采用GS-08催化剂，以Fe、K为主要活性组分；添加少量的IA、ⅡA、IB族，以稀土氧化物为助剂。

三、实验装置

乙苯脱氢制苯乙烯实验装置及流程见图 15-1。

四、实验准备物料及仪器

1. 药品

乙苯（分析纯）1瓶、蒸馏水1桶、氮气1钢瓶。

2. 实验器具

电子天平1台、色谱1台（测液体浓度）、秒表1只（或用手机等其他代替）100ml量筒2个、100ml烧杯4个、100ml分液漏斗2个、1μg色谱取样管2个

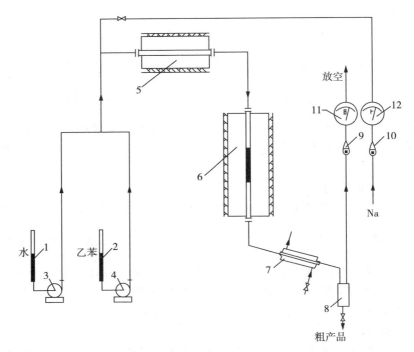

图 15-1　乙苯脱氢制备苯乙烯实验工艺流程图

1—水计量管；2—乙苯计量管；3、4—进料泵；5—汽化室；6—反应室；7—冷凝器；
8—集液罐；9—H_2 流量计；10—N_2 流量计；11—湿式气体流量计；12—N_2 压力表

五、实验步骤及方法

1. 实验任务：

测定不同温度下乙苯脱氢反应的转化率、苯乙烯的选择性和收率，考察温度对乙苯脱氢反应的转化率、苯乙烯的选择性和收率的影响。

2. 主要控制指标：

(1) 汽化温度控制在 300℃ 左右；

(2) 反应器前温度控制在 500℃；

(3) 脱氢反应温度为 540℃、560℃、580℃、600℃；

(4) 水：乙苯 = 1.5：1(体积比)；

(5) 控制乙苯加料速率为 0.5 毫升 / 分，蒸馏水进料速率为 0.75 毫升 / 分。

3. 具体操作步骤：

(1) 了解并熟悉实验装置及流程，清楚物料走向及加料、出料的方法。

(2) 仪表通电，待各仪表初始化完成后，在各仪表上设定控制温度：汽化室温度控制设定值为 300℃、反应器前温度控制值为实验温度(540℃、

560℃、580℃、600℃）反应器温度控制值为实验温度（540℃、560℃、580℃、600℃）。

（3）系统通氮气：接通电源，通入氮气，调节氮气流量为20L/h。

（4）汽化器升温，冷却器通冷却水：打开汽化室加热开关，让汽化器逐步升温，并打开冷却器的冷却水。

（5）开反应器前加热和反应器加热：当汽化器温度达到200℃后，打开反应器前加热开关和反应器加热开关。

（6）开始通蒸馏水并继续通氮气：当反应器温度达400℃时，开始加入蒸馏水，控制流量为0.75毫升/分，氮气流量为18L/h。

（7）停止通氮气加反应原料乙苯：当反应器内温度升至540℃左右并稳定后，停止通氮气，开始加入乙苯，流量控制为0.5毫升/分。

（8）记下乙苯加料管内起始体积，并将集液罐内的料液放空。

（9）物料在反应器内反应50min左右，停止乙苯进料，改通氮气，流量为18l/h，并继续通蒸馏水，保持汽化室和反应器内的温度。

（10）记录此时乙苯体积，算出原料加入反应器的体积；

（11）将粗产品从集液罐内放入量筒内静置分层。

（12）分层完全后，用分液漏斗分去水层，并称出烃层液体质量。

（13）取少量烃层液样品，用气相色谱分析组成，并计算各组分的百分含量。

（14）改变反应器控制温度为560℃，继续升温，当反应器温度升至560℃左右并稳定后，再次加乙苯入反应器反应，重复步骤（7）、（8）、（9）、（10）、（11）、（12）、（13）中的相关操作，测得560℃下的有关实验数据。

（15）重复步骤（14），测得580℃、600℃下的有关实验数据。

（16）反应结束后，停止加乙苯。反应温度维持在500℃左右，继续通水蒸汽，进行催化剂的清焦再生。约半小时后停止通水及停止各反应器加热，通 N_2，清除反应器内的 H_2，并使实验装置降温。实验装置降温到300℃以下时，可切断电源及冷却水，停止通 N_2，整理好实验现场，离开实验室。

（17）对实验结果进行分析，分别将转化率、选择性及收率与反应温度做出曲线，找出最适宜的反应温度区域，并对所得实验结果进行讨论（包括：曲线图趋势的合理性、误差分析、实验成败原因分析等）。

六、数据记录与处理

乙苯的转化率：$\alpha = \dfrac{RF}{FF} \times 100\%$

苯乙烯的选择性：$S = \dfrac{P/M_1}{RF/M_0} \times 100\%$

苯乙烯的收率：$Y = \alpha \cdot S \times 100\%$

其中：α—— 原料乙苯的转化率，%（mol）；

S—— 目的产物苯乙烯的选择性，%（mol）；

Y—— 目的产物苯乙烯的收率，%（mol）；

RF—— 原料乙苯的消耗量，g；

FF—— 原料乙苯加入量，g；

P—— 生成目的产物苯乙烯的量，g。

$M0$—— 乙苯的分子量，kg/kmol

M_1—— 苯乙烯的分子量，kg/kmol

七、思考题

（1）乙苯脱氢生成苯乙烯反应是吸热反应还是放热反应？如何判断？如果是吸热反应，则反应温度为多少？

（2）对本反应而言，体积是增大还是减小？加压有利还是减压有利？本实验采用的是什么方法？为什么加入水蒸气可以降低烃分压？

（3）在本实验中你认为有哪几种液体产物生成？有哪几种气体产物生成？如何分析？

附件一、实验记录

实验数据记录表

a）原始记录

反应时间（min）	温度		原料加入量，ml				烃层液重量（g）
	汽化器温度（℃）	反应器温度（℃）	乙苯		水		
			始	终	始	终	

b) 粗产品分析结果

乙苯密度：$0.867g/cm^3$

反应温度（℃）	烃层液体总质量（g）	烃层液体成分分析				乙苯耗量 RF（g）
		苯乙烯		乙苯		
		含量 %	质量 P（g）	含量 %	质量（g）	

附件二、实验结果汇总

编号	1	2	3	4	5	6	7	8
反应温度（℃）								
乙苯原料加入体积（ml）								
乙苯原料加入量 FF（g）								
乙苯原料消耗量 RF（g）								
乙苯转化率（%）								
苯乙烯选择性（%）								
苯乙烯收率（%）								

附录三：气相色谱分析图

乙苯标样气相色谱分析结果

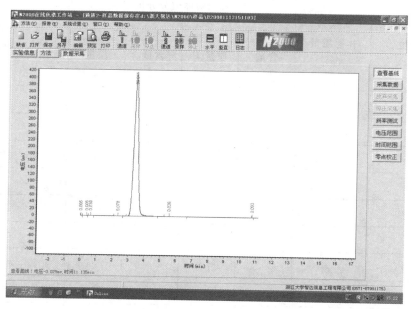

第一组产品气相色谱分析结果

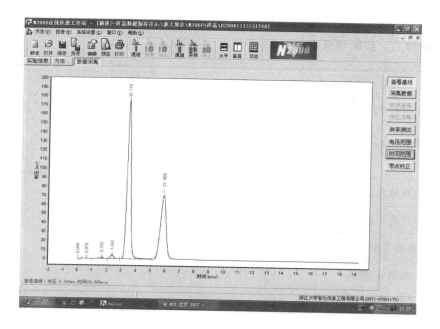

第六组产品气相色谱分析结果

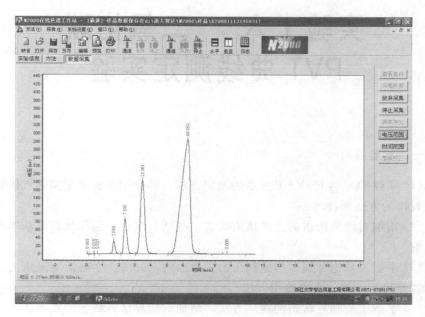

实验十六 二氧化碳 PVT 曲线测定实验

一、实验目的

（1）掌握 CO_2 的 $P\text{-}V\text{-}T$ 关系的测定方法，学会用实验测定实际气体状态变化规律的方法和技巧。

（2）增加对课堂所讲的工质热力状态、凝结、汽化、饱和状态等基本概念的理解。

（3）掌握工质饱和温度与饱和压力关系的测定方法。学会活塞式压力计、恒温器等热工仪器的正确使用方法。

（4）了解工质临界状态的观测方法，增加对临界状态概念的感性认识。

（5）通过实验理解饱和状态与临界状态的区别。

二、基本原理

在准平衡状态下，工质的压力 P、比容 V 和温度 t 之间存在某种确定关系，即状态方程

$$F(P, V, t) = 0$$

理想气体的状态方程具有最简单的形式：$PV = Rt$

实际气体的状态方程比较复杂，目前尚不能将各种气体的状态方程用一个统一的形式表示出来（虽然已经有了许多在某种条件下能较好反映 P、V、t 之间关系的实际气体的状态方程）。因此，具体测定某种气体的 P、V、t 关系，并将实测结果表示在坐标图上形成状态图，乃是一种重要而有效的研究气体工质热力性质的方法。

在平面的状态图上只能表达两个参数之间的函数关系，故具体测定时有必要保持某一个状态参数为定值，本实验就是在保持温度 t 不变的条件下进行的。

三、实验装置

整个实验装置由压力系统、恒温系统和实验台本体及其防护罩等组成（如

图 16－1 所示）。

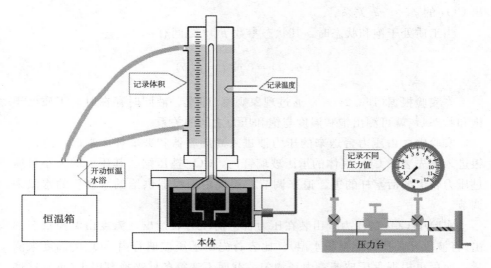

图 16－1　实验装置示意图

实验台本体结构如图 16－2 所示。

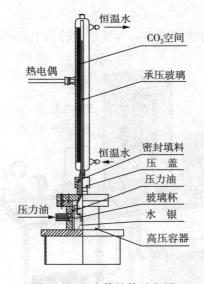

图 16－2　本体结构示意图

对简单可压缩热力系统，当工质处于平衡状态时，其状态参数 p、v、t 之间有：

$$F(p,\ v,\ t) = 0 \text{ 或 } t = f(p,\ v) \qquad (16-1)$$

本实验根据式(16-1)，采用定温方法来测定CO_2的$p-v-t$关系，从而找出CO_2的$p-v-t$关系。

当工质处于饱和状态时，其状态参数p、t之间有：

$$F(p, t) = 0 \text{ 或 } t = f(p) \qquad (16-2)$$

本实验根据(16-2)式，通过现象观察(即汽、液同时存在时，工质处于饱和状态)，就可测出饱和温度与饱和压力之间的关系。

实验中，由压力台送来的压力油进入高压容器和玻璃杯上半部，迫使水银进入预先装了CO_2气体的承压玻璃管内，CO_2被压缩，其压力的大小可通过压力台上的活塞杆的进、退来调节。温度由恒温器供给的水套里的水温来调节。

实验中CO_2的压力，由装在压力台上的压力表读出、温度由温控仪表读出(将波段开关拨向恒温箱水温)。比容首先由承压玻璃管内CO_2的高度来测量，而后再根据承压玻璃管内径均匀、截面不变等条件来换算得出(承压玻璃管内径$\Phi 2mm$)。

四、实验步骤

1. 按图16-3装好实验设备，并开启实验台上的照明日光灯。

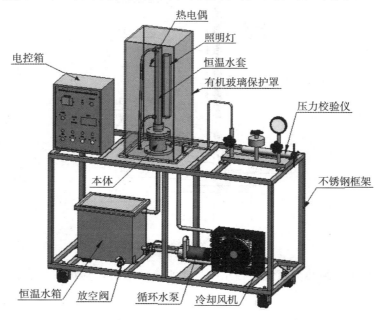

图16-3　二氧化碳P-V-T关系测试实验装置示意图

2. 恒温箱准备及温度调节：

（1）把水注入恒温箱内至离盖 30 ～ 50mm 处，检查并接通电路，开启水泵，使水循环对流。

（2）打开控制面板上温控仪和制热电源开关，对温控仪参数进行设置，将其设置为自动控制状态，并将设定值 SV 设定为实验所需温度值（若水温高于实验所需温度，可打开控制面板上的制冷电源开关，进行降温处理）。

（3）将波段开关调至水套水温，观察水套温度显示（与水套上的热电偶配套），即是承压玻璃管内的 CO_2 的温度。

（4）当需要改变实验温度时，重复（2）、（3）即可。

3. 加压前的准备

因为压力台的油缸容量比容器容量要小，需要多次从油杯里抽油，再向主容器充油，才能在压力表显示压力读数。压力台抽油、充油的操作过程非常重要，若操作失误，不但加不上压力，还会损坏实验设备。所以，务必认真掌握，其步骤如下：

（1）关闭压力表及其进入本体油路的阀门，开启压力台上油杯的进油阀。

（2）摇退压力台上的活塞螺杆，直至螺杆全部退出。这时，压力台油缸中抽满了油。

（3）先关闭油杯阀门，然后开启压力表和进入本体油路的阀门。

（4）摇进活塞螺杆，使本体充油。如此反复，直至压力表上达到所要求的压力读数为止。

如螺杆已推进到极限位置，而压力尚未达到所需值，必须再一次抽油加压，此时要严格按以下程序操作：先关闭油路控制阀与压力表阀；再开启油杯进油阀；倒退螺杆抽油至极限位置；然后关闭油杯进油阀、开启压力表控制阀与油路控制阀（注意：油杯进油阀、油路控制阀决不能同时处于开启状态）、推进螺杆逐渐加压直到所需值。

（5）再次检查油杯阀门是否关好，压力表及本体油路阀门是否开启。若均已调定后，即可进行实验。

4. 作好实验的原始记录：

（1）设备数据记录：

仪器、仪表名称、型号、规格、量程、精度。

（2）常规数据记录：

室温、大气压、实验环境情况等。

（3）因为 CO_2 的比容 V 与其高度是一种线性关系。承压玻璃管内 CO_2 质量 m 不便测量，玻璃管内径或截面积（A）也不易测准，因此实验中采用间接办法来确定 CO_2 的比容，具体方法如下：

a. 已知 CO_2 液体在 20℃、9.8MPa 时的比容

$V(20℃，9.8MPa) = 0.00117 m^3/kg$。

b. 实际测定实验台上在 20℃、9.8MPa 时的 CO_2 在容器内所占高度 $\Delta h_0(m)$。（注意玻璃管水套上刻度的标记方法）

c. $\because V(20℃，9.8MPa) = \dfrac{\Delta h_0 A}{m} = 0.00117 m^3/kg$

式中：A 为玻璃管内截面积；m 为玻璃管内 CO_2 总质量。

$\therefore \dfrac{m}{A} = \dfrac{\Delta h_0}{0.00117} = K \quad kg/m^2$

其中：K—— 即为玻璃管内 CO_2 的质量面积比（常数）。

所以，任意温度、压力下 CO_2 的比容为：

$$V = \frac{\Delta h}{m/A} = \frac{\Delta h}{K} \quad m^3/kg$$

$$\Delta h = h - h_0$$

式中，h—— 任意温度、压力下水银柱高度。

h_0—— 承压玻璃管内顶端所处高度。

5. 测定低于临界温度 $t = 20℃$ 时的定温线。

（1）将恒温箱温度设定在 $t = 20℃$，并保持恒温。

（2）压力从 4.41MPa 开始，当玻璃管内水银柱上升后，应足够缓慢地摇进活塞螺杆，以保证定温条件。否则，将来不及平衡，使读数不准。

（3）在 4.5 ~ 9.8MPa 之间按照适当的压力间隔保持不同的平衡状态并测取 h 值。

（4）注意加压后 CO_2 的状态变化，特别是注意液化、汽化等现象。要将测得的实验数据及观察到的现象一并填入记录表中。

6. 测定饱和温度与饱和压力之间的对应关系。

（1）将恒温箱在 20℃ ~ 30℃ 之间选取几个不同的温度点，并保持恒温。

（2）缓慢地摇进活塞螺杆（以足够保证定温条件），让压力从 4.41MPa 开始慢慢增加，当玻璃管内水银面上汽态与液态的 CO_2 同时存在时，停止摇动活塞螺杆 5min 左右。当压力温度都不再变化时，记录此时的压力与温度。

7. 测定临界温度 $t = 31.1℃$ 时的定温线。

（1）将恒温箱温度设定在 $t = 31.1℃$，并保持恒温。

（2）压力从 4.41MPa 开始，当玻璃管内水银柱上升后，应足够缓慢地摇

进活塞螺杆，以保证定温条件。否则，将来不及平衡，使读数不准。

（3）在 4.5 ～ 9.8MPa 之间按照适当的压力间隔保持不同的平衡状态并测取 h 值。

（4）注意加压后 CO_2 的状态变化，特别是临界现象（在临界状态附近要多测些数据）。要将测得的实验数据及观察到的现象一并填入记录表中。

8. 测定临界参数，并观察临界现象。

（1）按上述方法和步骤测出临界等温线，并在该曲线的拐点处找出临界压力 P_c 和临界比容 V_c。

（2）观察临界现象。

临界温度指气体能通过加压压缩成液态的最高温度。当温度高于临界温度时，无论加多大的压力也不能使气体液化。理论上 CO_2 的临界温度是 31.1℃，故实验时温度在此附近时，通过不断地加压能在某一个状态点上（理论上此时对应的压力为 7.52MPa 看到水银柱上面出现少许白雾（液化），随后加压白雾消失，无论再怎么加压也不会出现在 20℃ ～ 30℃ 之间所看到的汽液共存现象。

9. 测定高于临界温度 $t = 50℃$ 时的定温线。

（1）将恒温箱温度设定 $t = 50℃$，并保持恒温。

（2）压力从 4.41MPa 开始，当玻璃管内水银柱上升后，应足够缓慢地摇进活塞螺杆，以保证定温条件。否则，将来不及平衡，使读数不准。

（3）在 4.5 ～ 9.8MPa 之间按照适当的压力间隔保持不同的平衡状态并测取 h 值。

（4）注意加压后 CO_2 的状态变化，是否还能观察到前面实验所看到的饱和现象与临界现象？要将测得的实验数据及观察到的现象一并填入记录表中。

五、注意事项

（1）除 $t = 20℃$ 时，须加压到绝对压力 10MPa（表压 9.8MPa）外，其余各等温线均在 5 ～ 9MPa 间测出 h 值，表压不得超过 10MPa，温度不应超过 50℃。

（2）一般压力间隔可取 0.2 ～ 0.5MPa，接近饱和状态和临界状态时压力间隔适当取较小值。

（3）加压过程应足够缓慢以实现准平衡过程，卸压时与加压的操作步骤正好相反。

注：决不可直接打开油杯阀卸压！以防损坏实验设备。

（4）实验完毕将仪器设备擦净。将原始记录交指导教师签字后方可离开实验室。

（5）遇到疑难或异常情况应及时询问指导教师，不得擅自违规处理。

六、数据处理

（1）将计算结果所得数据在 $p-v$ 坐标系中画出三条等温线。

（2）将实验测得的等温线与附图中所对应的标准等温线比较，并分析它们之间的差异及原因。

（3）将所测的饱和温度与饱和压力对应值画在 $p-t$ 坐标图上，并找出二者相互依变的趋势。

（4）用文字描述你所看到的临界现象。

实验十七　　固-膜分离实验

一、实验目的

（1）了解膜的结构和影响膜分离效果的因素，包括膜材质、压力和流量等。

（2）了解膜分离的主要工艺参数，掌握膜组件性能的表征方法。

二、基本原理

膜分离是以对组分具有选择性透过功能的膜为分离介质，通过在膜两侧施加（或存在）一种或多种推动力，使原料中的某组分选择性地优先透过膜，从而达到混合物的分离，并实现产物的提取、浓缩、纯化等目的的一种新型分离过程。其推动力可以为压力差（也称跨膜压差）、浓度差、电位差、温度差等。膜分离过程有多种，不同的过程所采用的膜及施加的推动力不同，通常称进料液流侧为膜上游、透过液流侧为膜下游。

微滤（MF）、超滤（UF）、纳滤（NF）与反渗透（RO）都是以压力差为推动力的膜分离过程。当膜两侧施加一定的压差时，可使一部分溶剂及小于膜孔径的组分透过膜，而微粒、大分子、盐等被膜截留下来，从而达到分离的目的。

四个过程的主要区别在于，被分离物粒子或分子的大小和所采用膜的结构与性能。微滤膜的孔径范围为 $0.05 \sim 10\mu m$，所施加的压力差为 $0.015 \sim 0.2MPa$；超滤分离的组分是大分子或直径不大于 $0.1\mu m$ 的微粒，其压差范围约为 $0.1 \sim 0.5MPa$；反渗透常被用于截留溶液中的盐或其他小分子物质，施加的压差与溶液中溶质的相对分子质量及浓度有关，通常的压差在 2MPa 左右，也有高达 10MPa 的；介于反渗透与超滤之间的为纳滤过程，膜的脱盐率及操作压力通常比反渗透低，一般用于分离溶液中相对分子质量为几百至几千的物质。

1. 微滤与超滤

微滤过程中，被膜所截留的通常是颗粒性杂质，可将沉积在膜表明上的颗粒层视为滤饼层，其实质与常规过滤过程近似。本实验中，使用含颗粒的混浊液或悬浮液，经压差推动通过微滤膜组件。通过改变不同料液的流量，观察透过液测清液情况。

对于超滤，筛分理论被广泛用来分析其分离机理。该理论认为，膜表面具有无数个微孔，这些实际存在的不同孔径的孔眼像筛子一样，截留住分子直径大于孔径的溶质和颗粒，从而达到分离的目的。应当指出的是，在有些情况下，孔径大小是物料分离的决定因数；但对另一些情况，膜材料表面的化学特性却起到了决定性的截留作用。如有些膜的孔径比溶剂分子大、又比溶质分子大，本不应具有截留功能，但令人意外的是，它却仍具有明显的分离效果。由此可见，膜的孔径大小和膜表面的化学性质将分别起着不同的截留作用。

2. 膜性能的表征

一般而言，膜组件的性能可用截留率(R)、透过液通量(J)和溶质浓缩倍数(N)来表示。

$$R = \frac{c_0 - c_P}{c_0} \times 100\% \qquad (17-1)$$

式中，R——截流率；

c_0——原料液的浓度，$kmol/m^3$；

c_P——透过液的浓度，$kmol/m^3$。

对于不同溶质成分，在膜的正常工作压力和工作温度下，截留率不尽相同，因此这也是工业上选择膜组件的基本参数之一。

$$J = \frac{V_P}{S \cdot t} (L/m^2 \cdot h) \qquad (17-2)$$

式中，J——透过液通量，$L/(m^2 \cdot h)$；

V_P——透过液的体积，L；

S——膜面积，m^2；

t——分离时间，h。

其中，$Q = \frac{V_P}{t}$，即透过液的体积流量，在把透过液作为产品侧的某些膜分离过程中（如污水净化、海水淡化等），该值用来表征膜组件的工作能力。一般膜组件出厂，均有纯水通量这个参数，即用日常自来水（显然钙离子、镁离子等成为溶质成分）通过膜组件而得出的透过液通量。

$$N = \frac{c_R}{c_P} \qquad (17-3)$$

式中，　N——溶质浓缩倍数；

　　　　c_R——浓缩液的浓度，$kmol/m^3$；

　　　　c_P——透过液的浓度，$kmol/m^3$。

该值比较了浓缩液和透过液的分离程度，在某些以获取浓缩液为产品的膜分离过程中（如大分子提纯、生物酶浓缩等），是重要的表征参数。

三、实验装置

实验装置均为科研用膜，透过液通量和最大工作压力均低于工业现场实际使用情况。

实验中不可将膜组件在超压状态下工作，主要工艺参数见表 1。

表 1　膜分离装置主要工艺参数

膜组件	膜材料	膜面积 /m^2	最大工作压力 /MPa
微滤（MF）	聚丙稀混纤	0.5	0.15
超滤（UF）	聚砜聚丙稀	0.1	0.15

对于微滤过程，可选用 1% 浓度左右的碳酸钙溶液，或 100 目左右的双飞粉配成 2% 左右的悬浮液，作为实验采用的料液。透过液用烧杯接取，观察它随料液浓度及流量变化，透过液侧的清澈程度变化。

本装置中的超滤孔径可分离分子量 5 万级别的大分子，医药科研上常用于截留大分子蛋白质或生物酶。作为演示实验，可选用分子量为 6.7 万 ~ 6.8 万的牛血清白蛋白配成 0.02% 的水溶液作为料液，浓度分析采用紫外分光光度计，即分别取各样品在紫外分光光度计下 280nm 处吸光度值，然后比较相对数值即可（也可事先作出浓度-吸光度标准曲线供查值）。该物料泡沫较多，分析时取底液即可。

四、实验步骤

1. 微滤

在原料液储槽中加满料液后，打开低压料液泵的回流阀和出口阀、微滤料液的进口阀和出口阀，则整个微滤单元回路已畅通。

在控制柜中打开低压料液泵开关，可观察到微滤、超滤进口压力表显示的读数。通过低压料液泵的回流阀和出口阀，控制料液通入流量，从而保证膜组件在正常压力下工作。改变浓液液转子流量计流量，可观察到清液浓度变化。

2. 超滤

在原料液储槽中加满料液后，打开低压料液泵的回流阀和出口阀、超滤

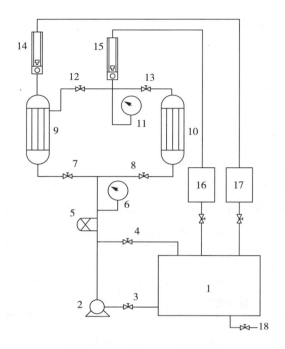

图 17-1　膜分离流程示意图

1—料液灌；2—磁力泵；3—泵进口阀；4—泵回流阀；5—预过滤器；6—滤前压力表；
7—超滤进口阀；8—微滤进口阀；9—超滤膜；10—微滤膜；11—滤后压力表；12—超滤清液出口阀；
13—微滤滤液出口阀；14—浓液流量计；15—清液流量计；16—清液灌；17—浓液灌；18—排水阀

料液进口阀、清液出口阀和浓液出口阀，则整个超滤单元回路已畅通。

在控制柜中打开低压料液泵开关，可观察到微滤、超滤进口压力表显示的读数。通过低压料液泵的回流阀和出口阀，控制料液通入流量，从而保证膜组件在正常压力下工作。通过浓液转子流量计，改变浓液流量，可观察到对应压力表读数的改变，并在流量稳定时取样分析。

3. 注意事项

（1）每个单元分离过程前，均应用清水彻底清洗该段回路，方可进行料液实验。清水清洗管路可仍旧按实验单元回路，对于微滤组件则可拆开膜外壳，直接清洗滤芯，对于另一个膜组件则不可打开，否则膜组件和管路重新连接后可能造成漏水情况发生。

（2）整个单元操作结束后，先用清水洗完管路，之后在储槽中配置 0.5 ～ 1% 浓度的甲醛溶液，经磁力泵逐个将保护液打入各膜组件中，使膜组件浸泡在保护液中。

以超滤膜加保护液为例，说明该步操作如下：

打开磁力泵的出口阀和回流阀，控制保护液进入膜组件压力也在膜正常工作下；打开超滤进口阀，则超滤膜浸泡在保护液中；打开清液的回流阀和出口阀，并调节清液流量计开度，可观察到保护液通过清液排空软管溢流回保护液储槽中；调节浓液流量计开度，可观察到保护液通过浓液排空软管溢流回保护液储槽中。

（3）对于长期使用的膜组件，其吸附杂质较多，或者浓差极化明显，则膜分离性能显著下降。对于预过滤和微滤组件，采取更换新内芯的手段；对于超滤、纳滤和反渗透组件，一般先采取反清洗手段，即将低浓度的料液溶液逆向进入膜组件，同时关闭浓液出口阀，使料液反向通过膜内芯而从物料进口侧出液，在这个过程中，料液可溶解部分溶质而减少膜的吸附。若反清洗后膜组件仍无法回复分离性能（如基本的截留率显著下降），则表面膜组件使用寿命已到尽头，需更换新内芯。

附：膜组件工作性能与维护要求

本装置中的所有膜组件均为科研用膜（工业上膜组件的使用寿命因分离物不同而受影响），为使其能较长时间的保持正常分离性能，请注意其正常工作压力、温度，并选取合适浓度的物料，并做好保养工作。

（1）系统要求

最高工作温度：50℃；

正常工作温度：5℃ ～ 45℃。

（2）膜组件性能

预滤组件：滤芯材料为聚丙稀混纤，孔径 $5\mu m$。

（3）维修与保养

a. 实验前请仔细阅读"实验指导书"和系统流程，特别要注意各种膜组件的正常工作压力与温度。

b. 新装置首次使用前，先用清水进料 $10 \sim 20$ 分钟，洗去膜组件内的保护剂（为一些表面活性剂或高分子物质，对膜组件孔径定型用）。

c. 实验原料液必须经过 $5\mu m$ 微孔膜预过滤（即本实验装置中的预过滤器），防止硬颗粒混入而划破膜组件。

d. 使用不同料液实验前，必须对膜组件及相关管路进行彻底清洗。

e. 暂时不使用时，须保持膜组件湿润状态（因为膜组件干燥后，又失去了定型的保护剂，孔径可能发生变化，从而影响分离性能），可通过膜组件进出口阀门，将一定量清水或消毒液封在膜组件内。

f. 较长时间不用时，要防止系统生菌，可以加入少量防腐剂，例如甲醛、双氧水等（浓度均不高于 0.5％）。在下次使用前，则必须将这些保护液冲洗干净，才能进行料液实验。

实验十八　　液-液转盘萃取实验

为什么?

萃取是分离和提纯物质的重要单元操作之一，是利用混合物中各个组分在外加溶剂中的溶解度的差异而实现组分分离的单元操作。例如用苯为溶剂从煤焦油中分离酚，用异丙醚为溶剂从稀乙酸溶液中回收乙酸等。实验室中用分液漏斗等仪器进行，而工业上在填料塔、筛板塔、离心式萃取器、喷洒式萃取器等中进行。萃取主要应用于有机化学、石油、食品、制药、稀有元素、原子能等工业方面。

一、实验目的

(1) 了解转盘萃取实验仪器的基本结构以及工艺流程;

(2) 观察转盘转速变化时，萃取塔内轻和两相流动状况;

(3) 了解影响萃取操作的主要因素，研究萃取操作条件对萃取过程的影响;

(4) 掌握每米萃取高度的传质单元数 N_{OR}、传质单元高度 H_{OR} 和萃取率 η 的实验测法。

二、基本原理

使用转盘塔进行液-液萃取操作时，塔内两种液体做逆流流动，其中一相液体作为分散相，以液滴形式通过另一种连续相液体，两种液相的浓度则在设备内作微分式的连续变化，并依靠密度差在塔的两端实现两液相间的分离。当轻相作为分散相时，相界面出现在塔的上端;反之，当重相作为分散相时，则相界面出现在塔的下端。

1. 传质单元法的计算

对于微分逆流萃取塔的塔高计算，主要是采取传质单元法。即用传质单元数和传质单元高度来表征，传质单元数表示过程分离程度的难易，传质单元高度表示设备传质性能的好坏。

$$H = H_{OR} \cdot N_{OR}$$

$$(18-1)$$

式中，H——萃取塔的有效接触高度，m；

H_{OR}——以萃余相为基准的总传质单元高度，m；

N_{OR}——以萃余相为基准的总传质单元数，无因次。

按定义，N_{OR} 计算式为

$$N_{OR} = \int_{x_R}^{x_F} \frac{\mathrm{d}x}{x - x^*} \qquad (18-2)$$

式中，x_F——原料液的组成，kgA/kgS；

x_R——萃余相的组成，kgA/kgS；

x——塔内某截面处萃余相的组成，kgA/kgS；

x^*——塔内某截面处与萃取相平衡时的萃余相组成，kgA/kgS。

当萃余相浓度较低时，平衡曲线可近似看作一条过原点的直线，操作线也简化为直线处理，如图 18-1 所示。

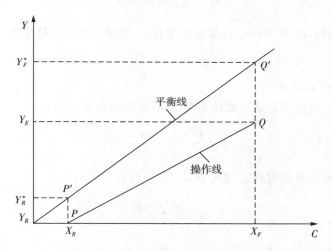

图 18-1 萃取平均推动力计算示意图

则积分式(18-2) 得

$$NOR = \frac{x_F - x_R}{\Delta x_m} \qquad (18-3)$$

其中，Δx_m 为传质过程的平均推动力，在操作线、平衡线近似作直线处理的条件下为

$$\Delta xm = \frac{(xF - x^*) - (xR - 0)}{\ln \frac{(xF - x^*)}{(xR - 0)}} = \frac{(xF - y_E/k) - xR}{\ln \frac{(xF - y_E/k)}{xR}} \qquad (18-4)$$

式中，k——分配系数，例如对于本实验的煤油苯甲酸相-水相，$k = 2.26$；

y_E——萃取相的组成，kgA/kgS。

对于 x_F、x_R 和 y_E，分别在实验中通过取样滴定分析而得，y_E 也可通过如下的物料衡算而得

$$F + S = E + R$$

$$F \cdot x_F + S \cdot 0 = E \cdot y_E + R \cdot x_R \tag{18-5}$$

式中，F——原料液流量，kg/h；

S——萃取剂流量，kg/h；

E——萃取相流量，kg/h；

R——萃余相流量，kg/h。

对稀溶液的萃取过程，因为 $F = R$，$S = E$，所以有

$$y_E = \frac{F}{S}(x_F - x_R) \tag{18-6}$$

本实验中，取 $F/S = 1/1$（质量流量比），则式(18-6)简化为

$$y_E = x_F - x_R \tag{18-7}$$

2. 萃取率的计算

萃取率 η 为被萃取剂萃取的组分 A 的量与原料液中组分 A 的量之比

$$\eta = \frac{F \cdot x_F - R \cdot x_R}{F \cdot x_F} \tag{18-8}$$

对稀溶液的萃取过程，因为 $F = R$，所以有

$$\eta = \frac{xF - xR}{xF} \tag{18-9}$$

3. 组成浓度的测定

对于煤油苯甲酸相-水相体系，进料液组成 x_F、萃余液组成 x_R 和萃取液组成 y_E，即苯甲酸的质量分率，采用酸碱中和滴定的方法进行测定，具体步骤如下：

(1) 用移液管量取待测样品 25ml，加 $1 \sim 2$ 滴溴百里酚兰指示剂；

(2) 用 $KOH - CH_3OH$ 溶液滴定至终点，则所测浓度为

$$x = \frac{N \cdot \Delta V \cdot 122}{25 \times 0.8} \tag{18-10}$$

式中，N——$KOH - CH_3OH$ 溶液的当量浓度，N/ml；

ΔV——滴定用去的 $KOH - CH_3OH$ 溶液体积量，ml。

此外，苯甲酸的分子量为 122g/mol，煤油密度为 0.8g/ml，样品量

为 25ml。

（3）萃取相组成 y_E 也可按式(18-7)计算得到。

三、实验装置

如图 18-2 所示为实验装置图，本装置操作时应先在塔内灌满连续相（水），然后开启分散相——煤油(含有饱和苯甲酸)。待分散相在塔顶凝聚一定厚度的液层后，通过连续相的 II 管闸阀调节两相的界面于一定高度，对于本装置采用的实验物料体系，凝聚是在塔的上端中进行(塔的下端也设有凝聚段)。本装置外加能量的输入，可通过直流调速器来调节中心轴的转速。

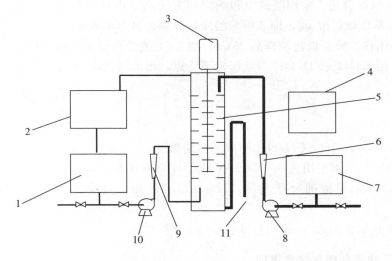

图 18-2　萃取流程示意图

四、实验步骤

（1）将煤油配制成含苯甲酸的混合物(配制成饱和或近饱和)，然后把它灌入轻相槽内。

注意：勿直接在槽内配置饱和溶液，防止固体颗粒堵塞煤油输送泵的入口。

（2）接通水管，将水灌入重相槽内，用磁力泵将它送入萃取塔内。

注意：磁力泵切不可空载运行。

（3）外加能量的大小可通过调节转速来控制，在操作时逐步加大转速，中间会跨越一个临界转速(共振点)，一般实验转速可取 500 转。

（4）水在萃取塔内搅拌流动，并连续运行 5min 后，开启分散相——煤油管路，调节两相的体积流量一般在 20～40L/h 范围内，根据实验要求将两相的质量流量比调为 1:1。注：在进行数据计算时，需要校正煤油转子流量计测得的数据，即煤油的实际流量应为 $V 校 = \sqrt{\dfrac{1000}{800}} V 测$，其中 $V 测$ 即显示煤油流量计上的值。

（5）待分散相在塔顶凝聚一定厚度的液层后，再通过连续相出口管路中 II 形管上的阀门开度来调节两相界面高度，操作中应维持上集液板中两相界面的恒定。

（6）通过改变转速来分别测取效率 η 或 H_{OR} 从而判断外加能量对萃取过程的影响。

（7）取样分析。采用酸碱中和滴定的方法测定进料液组成 x_F、萃余液组成 x_R 和萃取液组成 y_E，即苯甲酸的质量分率，具体步骤如下：

① 用移液管量取待测样品 25ml，加 1~2 滴溴百里酚兰指示剂；

② 用 $KOH-CH_3OH$ 溶液滴定至终点，则所测浓度为

$$x = \frac{N \cdot \Delta V \cdot 122}{25 \times 0.8}$$

式中，N——$KOH-CH_3OH$ 溶液的当量浓度，N/ml；

ΔV——滴定用去的 $KOH-CH_3OH$ 溶液体积量，ml。

此外，苯甲酸的分子量为 122g/mol，煤油密度为 0.8g/ml，样品量为 25ml。

（3）萃取相组成 y_E 也可按式(18-7)计算得到。

五、数据处理与注意事项

（1）测定不同转速下的萃取效率，传质单元高度。

（2）以煤油为分散相，水为连续相，进行萃取过程的操作。

实验数据纪录：氢氧化钾的当量浓度 $N_{KOH}=$　　N/ml

表 1　实验数据记录

编号	原料 FL/h	溶剂 SL/h	转速 n	$F\Delta V_F$ mL(KOH)	$R\Delta V_R$ mL(KOH)	$S\Delta Vs$mL (KOH)
1						
2						
3						
4						

表 2　实验数据处理

编号	转速	萃余相浓度	萃取相浓度	平均推动力	传质单元数	传质单元高度	效率
	n	x_R	y_E	Δx_m	N_{OR}	H_{OR}	η
1							
2							
3							
4							

六、思考题

（1）请分析比较萃取实验装置与精馏实验装置的异同点？

（2）说说本萃取实验装置的转盘转速是如何调节和测量的？从实验结果分析转盘转速变化对萃取传质系数与萃取率的影响。

（3）测定原料液、萃取相、萃余相的组成可用哪些方法？采用中和滴定法时，标准碱为什么选用 $KOH - CH_3OH$ 溶液，而不选用 $KOH - H_2O$ 溶液？

（4）实验中可用 $NaOH$ 代替 KOH 吗？为什么？

实验十九　　填料塔间歇精馏实验

一、实验目的

（1）了解填料塔实验测定填料分离效率的方法；

（2）掌握实验测定等板高度与流速和压降等参数之间的相互关系；

（3）熟悉各种填料性能的评比。

二、基本原理

精馏是将由挥发度不同的组分所组成的混合液，在精馏塔中同时多次地进行部分气化和部分冷凝，使其分离成几乎纯态组分的过程

间歇精馏是在恒定压力下，将蒸馏釜中的溶液加热至沸腾，并使液体不断汽化，产生的蒸汽随即进入冷凝器中冷凝，冷凝液用多个罐子收集。由于整个蒸馏过程中，气相的组成和液相的组成都是不断降低的，所以每个罐子收集的溶液的组成是不同的，因此混合液得到了初步的分离。

填料塔间歇精馏实验仪适合于设有化学、应用化学、化工、制药和轻工等专业的各类学校，用于化工基础和化工原理等课程的实验室实验。同时，也可广泛用于研究部门的实验室进行混合液分离、回收溶剂、产品提纯和新产品的研制，以及填料性能的研究等。

技术指标与配置

（1）玻璃塔体直径 20mm，无侧口，塔高 1.2m，有一段透明膜电加热保温，加热功率 0.4kW；

（2）塔釜 500ml，有电加热包加热，功率 0.3kW，自动控温，1 套；另配 2000ml 玻璃塔釜一个，加热包用户自备；

（3）填料 $2 \times 2mm$ 不锈钢 θ 网环；

（4）塔头带冷却器，摆锤式回流，并有自动控温，在 0～99s 内调节，1 套；

（5）塔保温手动控温，塔顶、塔釜温度手动切换数字显示。

三、操作方法

1. 装塔

(1) 在塔的各个接口处，凡是有磨口的地方都要涂以活塞油脂(真空油脂)，并小心地安装在一起。带有翻边法兰的接口处，要将连接处放好垫片，轻轻对正，小心拧紧带螺纹的压帽(不要用力过猛以防损换)这时要上好支撑卡子螺丝，调整塔体使整体垂直。此后调节升降台距离，使加热包与塔釜接触良好(注意，不能让塔釜受压 0，之后连接好塔头，不要固定过紧使它们相互受力)，最后接好塔头冷却水出入口胶管。

2. 将各部分的控温、测温热电偶放入相应位置的孔内

3. 电路检查

(1) 插好操作台板面各电路接头，检查各端子标记与线上标记是否吻合。

(2) 检查仪表柜内接线有无脱落。电源的相、零、地线位置是否正确，无误后进行升温操作，设备一定要接好地线。

4. 加料

进行间接的精馏时，要打开釜的加料口或取样口，加入被精馏的样品，同时加入几粒陶瓷环，以防暴沸。

5. 升温

(1) 闭合总电源开关，温度显示仪表有数值出现。分别按动按键转换开关按钮，观察各测温点指示正常否，该值是显示塔釜和塔顶温度。

(2) 开启釜热控温开关，仪表有显示。顺时针方向调节电流给定旋钮，是电流表有一定的指示，此后按动仪表的参数给定键，通过增减键调节给定值，仪表上窗口显示数字为实测温度值，下窗口显示值为给定值。此后经数秒钟进入正常状态。需调整参数时，继续按参数键，出现参数符号，并可通过增减键给其所需值。详细操作可见控温仪表操作说明(AI 人工智能工业调节器说明书)的温度给定参数设置方法。

当给定值和参数都给定后，若控制效果不好时可按住 ctrl 键参数给定为 2，仪表出现 AT 指示闪烁，这时仪表进行自调整定。通常自整定需要一定时间，经过温度值上升下降、再升再降等类似位式控制方式很快达到稳定值。

升温操作注意事项：

A. 釜热控温仪表的给定温度要高于沸点温度 50～80℃，使加热有足够的温差以进行传热。其值可根据实验要求而取舍，边升温边调整，当很长时间还没有蒸汽上升到塔头内时，说明加热温度不够高，还须提高。温度过低蒸发量少，没有馏出物；温度过高蒸发量大，易造成液泛。

B. 还要再次检查是否给塔头通入冷却水，此操作必须在升温前进行，不能在塔顶有蒸汽出现时再通冷却水，这样会造成塔头炸裂。当釜已经开始沸腾时，打开塔壁保温电源，顺时针方向调节保温电流给定旋钮，使电流维持在0.1~0.3A之内（注意：不能过大，过大会造成过热，使加热膜受到损坏，另外，还会造成因塔壁过热而变成加热器，回流液体不能与上升蒸汽进行气液相平衡的物质传递，反而会降低塔分离效率）。冬天与夏天的给定值有差异，冬天偏高些。

（3）升温后观察塔釜和塔顶温度变化，当塔顶出现气体并在塔头内冷凝时，进行全回流一段时间后可开始出料。

（4）有回流比操作时，应开启回流比控制器给定比例（通电时间与停电时间的比值，通常是以秒计，此比例即采出量与回流量之比，见说明书）。

6. 停止操作

停止操作时，关闭各部分开关，无蒸汽上升时停止通冷却水。

7. 故障处理

（1）开启电源开关指示灯不亮，并且没有交流接触器吸合声，则保险坏了或电源线没有接好。

（2）开启仪表等各开关时指示灯不亮，并且没有继电器吸合声，则分保险坏，或接线有脱落的地方。

（3）控温仪表、显示仪表出现四位数字，则告知热电偶有断路现象。

（4）仪表正常但电流表没有指示，可能保险坏或固态变压器，固态继电器坏。

附录

回流器使用说明：

（1）显示器：正常工作时，上边四位 LED 数码显示延时值，下边四位 LED 数码显示设定值。

（2）位选键(→)设定时，用于选择某位数码，选中的数码呈闪烁状态。

（3）增加键(▲)：设定时按过位选键(→)后，按此键，可改变闪烁位的数值，此数值单向增加。

（4）复位键(□)：正常工作时，按下复位键，延时器恢复初始状态；抬起复位键，延时器重新开始延时。

（5）暂停键(□)：正常工作时，按下暂停键，延时停止，抬起暂停键，延时继续。此功能可作累时器。

（6）延时器设定：在显示范围内利用增加键和位选键即可任意设定继电器的延时值。第一次按位选键(→)，POW 指示灯亮，下边第一位数码管闪烁，按增加键(▲)，设定一位数值；再按位选键(→)，下边第二位数码管闪烁，按增加键(▲)，设定第二位数值；依此类推，可设定第三位，第四位数值，此时，数码管仍在闪烁，过8秒钟，闪烁停止，设定值便自动存入机内。利用复位键或复位端子或重新上电，都可使延时器开始延时，待延时完成后，继电器按其工作方式动作。

注意：在整个设定过程中，应连续进行，每两步骤之间不超过8秒钟。

实验二十　CO中低温变换反应实验

一、实验目的

（1）掌握一氧化碳变换反应过程，了解多相催化反应相关知识，初步接触工艺设计思想。

（2）掌握固相催化反应动力学实验研究方法及催化剂活性的评比方法。

（3）获得两种催化剂上变换反应的速率常速 k_T 与活化能 E。

二、基本原理

CO变换反应是在催化剂存在的条件下进行的，是一个典型的气固相催化反应。20世纪60年代以前，变换催化剂普遍采用Fe-Gr催化剂，使用温度范围为 $350℃ \sim 550℃$；60年代以后，开发了钴钼加氢转化催化剂和氧化锌脱硫剂，这种催化剂的操作温度为 $200℃ \sim 280℃$。为了区别这两种操作温度不同的变换过程，习惯上将前者称为"中温变换"，后者称为"低温变换"。

1. 变换反应原理

变换过程为含有 C、H、O 三种元素的 CO 和 H_2O 共存的系统，在 CO 变换的催化反应过程中，除了主要反应

$$CO + H_2O = CO_2 + H_2 \quad \Delta H = -40.6 kJ/gmol$$

以外，在某种条件下会发生 CO 分解等其他副反应，分别如下：

$$2CO = C + CO_2$$

$$2CO + 2H_2 = CH_4 + CO_2$$

$$CO + 3H_2 = CH_4 + H_2O$$

$$CO_2 + 4H_2 = CH_4 + 2H_2O$$

这些副反应都消耗了原料气中的有效气体，生成有害的游离碳及无用的甲烷，避免副反应的最好方法就是使用选择性好的变换催化剂。

2. 变换反应的速率常速与活化能

设反应前气体混合物中各组分干基摩尔分率为 $y^0_{CO,d}$、$y^0_{CO_2,d}$、$y^0_{H_2,d}$、$y^0_{N_2,d}$，初始汽气比为 R_0，反应后气体混合物中各组分干基摩尔分率为 $y_{CO,d}$、$y_{CO_2,d}$、$y_{H_2,d}$、$y_{N_2,d}$，CO 的变换率为

$$\alpha = \frac{y^0_{CO,d} - y_{CO,d}}{y^0_{CO,d}(1 + y_{CO,d})} = \frac{y_{CO_2,d} - y^0_{CO_2,d}}{y^0_{CO,d}(1 - y_{CO_2,d})} \tag{20-1}$$

根据研究，铁基催化剂上 CO 中温变换反应本征动力学方程可表示为

$$r_1 = \frac{dN_{CO}}{dW} = \frac{dN_{CO_2}}{dW} = k_{T_1} p_{CO} p_{CO_2}^{-0.5}\left(1 - \frac{p_{CO_2} \cdot p_{H_2}}{K_p \cdot p_{CO} \cdot p_{H_2O}}\right)$$

$$= k_{T_1} \cdot f_1(p_i) \; mol/(g \cdot h) \tag{20-2}$$

铜基催化剂上一氧化碳低温变换反应本征动力学方程可表示为

$$r_2 = \frac{dN_{CO}}{dW} = \frac{dN_{CO_2}}{dW} = k_{T_2} p_{CO} p_{H_2O}^{0.2} p_{CO_2}^{-0.5} p_{H_2}^{-0.2}\left(1 - \frac{p_{CO_2} \cdot p_{H_2}}{K_p \cdot p_{CO} \cdot p_{H_2O}}\right)$$

$$= k_{T_2} \cdot f_2(p_i) \; mol/(g \cdot h) \tag{20-3}$$

$$K_p = \exp\left[2.3026\left(\frac{2185}{T} - \frac{0.1102}{2.3026}\ln T + 0.6218 \times 10^{-3} T\right.\right.$$

$$\left.\left. - 1.0604 \times 10^{-7} T^2 - 2.218\right)\right] \tag{20-4}$$

在恒温下，由积分反应器的实验数据，可按下式计算反应速率常数 k_{Ti}：

$$k_{Ti} = \frac{V_{0,i} y^0_{CO}}{22.4W} \int_0^{\alpha_{i出}} \frac{d\alpha_i}{f_i(p_i)} \tag{20-5}$$

采用图解法或编制程序计算，就可由式（2-5）得某一温度下的反应速率常数值。测得多个温度的反应速率常数值，根据阿累尼乌斯方程即可求得指前因子 k_0 和活化能 E。

$$k_T = k_0 e^{-\frac{E}{RT}} \tag{20-6}$$

由于中变以后引出部分气体分析，故低变气体的流量需重新计量，低变气体的入口组成需由中变气体经物料衡算得到，即等于中变气体的出口组成：

$$y_{1H_2O} = y^0_{H_2O} - \alpha_1 y^0_{CO} \tag{20-7}$$

$$y_{1CO} = y^0_{CO}(1 - \alpha_1) \tag{20-8}$$

$$y_{1CO_2} = y^0_{CO_2} + \alpha_1 y^0_{CO} \tag{20-9}$$

$$y_{1H_2} = y_{H_2}^0 + \alpha_1 y_{CO}^0 \tag{20-10}$$

$$V_2 = V_1 - V_{\text{分}} = V_0 - V_{\text{分}} \tag{20-11}$$

$$V_{\text{分}} = V_{\text{分}, d}(1 + R_1) = V_{\text{分}, d}\frac{1}{1 - (y_{H_2O, d}^0 - \alpha_1 y_{CO}^0)} \tag{20-12}$$

转子流量计计量的 $V_{\text{分}, d}$，需进行分子量换算，从而需求出中变出口各组分干基分率 $y_{1i, d}$：

$$y_{1CO, d} = \frac{y_{CO, d}^0(1 - \alpha_1)}{1 + \alpha_1 y_{CO, d}^0} \tag{20-13}$$

$$y_{1CO_2, d} = \frac{y_{CO_2, d}^0 + \alpha_1 y_{CO, d}^0}{1 + \alpha_1 y_{CO, d}^0} \tag{20-14}$$

$$y_{1H_2, d} = \frac{y_{H_2, d}^0 + \alpha_1 y_{CO, d}^0}{1 + \alpha_1 y_{CO, d}^0} \tag{20-15}$$

$$y_{1N_2, d} = \frac{y_{N_2, d}^0}{1 + \alpha_1 y_{CO, d}^0} \tag{20-16}$$

同中变计算方法，可得到低变反应速率常数及活化能。

三、实验装置

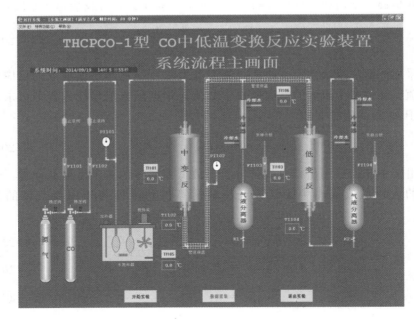

四、实验操作步骤

1. 准备工作

（1）连接好冷却水管路。

（2）检查反应系统的密封性，向系统加压至 0.1MPa，30min 内压力不变即符合要求，也可用肥皂泡试漏。

（3）氮气钢瓶 1 个，带减压阀；原料气（原料气的组成为：20％ 氮气、60％ 氢气、17％ 一氧化碳、3％ 二氧化碳）钢瓶 1 个，带减压阀。

2. 实验操作

（1）开启氮气钢瓶，置换系统约 5min。

（2）接通电源，使中变反应器、低变反应器分别逐步升温至预定的温度。

（3）当中、低变床层温度升至 150℃ 时，开启管道保温温控仪和水饱和器，同时打开冷却水，管道保温，水饱和器温度恒定在实验温度下。

（4）当中变反应器、低变反应器、水饱和器、管道保温达到实验所需温度条件下时，开启原料气，稳定 20min 左右，随后进行分析，记录实验条件和分析数据。

（5）继续将中变反应器、低变反应器升温至另一温度条件下，稳定 20min 左右，随后进行分析，记录实验条件和分析数据。

（6）实验完成后，关闭原料气钢瓶，切换成氮气，关闭中变加热、低变加热、水饱和器温控仪。

（7）当反应床温低于 200℃ 以下，关闭管道保温温控仪、冷却水和氮气钢瓶。

（8）关闭电源开关，排出气液分离器中的残液。

（9）退出实验程序，关闭计算机，整理实验台。

3. 实验条件

（1）流量：控制原料气流量为 8～15L/h，中变出口分流量为 2～4L/h 左右。

（2）饱和器温度控制在 72.8～80.0℃；管道保温温控制在 100～150℃。

（3）催化剂床层温度：反应器内中变催化床温先后控制在 360℃、390℃、420℃，低变催化床温度先后控制在 220℃、240℃、260℃。

五、注意事项

（1）熟悉实验装置流程，然后再进行操作；

（2）由于实验过程有水蒸汽加入，为避免水汽在反应器内冷凝使催化剂结块，必须在反应床温升至150℃以后才能启用水饱和器，而停车时，在床温降到150℃以前关闭饱和器；

（3）由于催化剂在无水条件下，原料气会将它过度还原而失活，故在原料气通入系统前要先加入水蒸汽，相反停车时，必须先切断原料气，后切断水蒸汽；

（4）防止高温烫伤。

实验二十一　　反渗透水净化工艺流程实验

为什么？

本设备使用的反渗透膜是半透性螺旋卷式膜，当原水以一定的压力被送至反渗透膜时，水透过膜上的微小孔径，经收集后得到纯水。而水中的杂质如可溶性固体、有机物、胶体物质及细菌等则被反渗透膜截留，在截流液中浓缩并被去除。反渗透可去除原水中 97% 以上的溶解性固体、99% 以上的溶解性固体、99% 以上的有机物及胶体，可使制取的纯水达到更高的品质，适用于化工行业等高纯水生产的需要，亦可用于原水电导率较高的场合。我们制取的纯水主要用于学生实验和老师科研。

一、实验目的

（1）了解仪器的各个部件以及工艺流程；

（2）掌握多介质过滤器、活性炭过滤器、反渗透系统的工作原理；

（3）掌握反冲洗原理和实验操作过程。

二、基本原理

多介质过滤器及活性炭过滤器是利用石英砂、活性炭两种滤料去除原水中的悬浮物，属于普通快滤设备。含有悬浮物颗粒的水在管道中，当压力增大时形成紊流，使水中形成胶体颗粒的双电层被压缩。当胶体颗粒流过多介质过滤器的滤料层时，滤料缝隙对悬浮物起筛滤作用使悬浮物易于吸附在滤料表面。当在滤料表层截留了一定量的污物形成滤膜，随时间推移过滤器的前后压差将会很快升高，直至失效。此时需要利用逆向水流反洗滤料，使过滤器内石英砂悬浮松动，从而使粘附于石英砂表面的截留物剥离并被水流带走，恢复过滤功能。本工程中使用的双层滤料是在过滤层上部放置较轻的小颗粒石英砂，下部为大比重的大颗粒石英砂，这样可以充分发挥整个滤层的效率、提高截污能力。

离子交换是指采用离子交换剂，使交换剂和水溶液中可交换离子之间发生等物质量规则的可逆性交换，导致水质改善而离子交换剂的结构并不发生实质性变化的水处理方式。原水硬度组成成分的钙、镁离子，与交换剂中的钠离子进行交换，水中的钙、镁离子为钠离子所取代，从而获得水质软化的效果。当树脂已完全失去交换能力后，用 NaCl 将失效树脂还原。废水经排废管排去，树脂恢复交换能力，进行下一次对水的软化。

多介质过滤器 —— 用于去除原水中的悬浮物和胶体物质，保证原水在进入反渗透装置之前 SDI15（淤泥密度指数）≤ 5。

活性炭过滤器 —— 用于去除原水中有机物和余氯，保证原水在进入反渗透装置之前余氯 ≤ 0.1ppm。

软化装置 —— 用于降低水中的钙、镁离子的浓度，防止其在反渗透膜上结垢，延长系统的使用寿命。

反渗透系统 —— 将纯水与含有溶质的溶液用一种只能通过水的半透膜隔开，此时，纯水侧的水就自发地透过半透膜，进入溶液一侧，使溶液侧的水面升高，这种现象就是渗透。当液面升高至一定高度时，膜两侧压力达到平衡，溶液侧的液面不再升高，这时，膜两侧有一个压力差，称为渗透压。如果给溶液侧加上一个大于渗透压的压力，溶液中的水分子就会被挤压到纯水一侧，这个过程正好与渗透相反，我们称之为反渗透（逆渗透）。我们可以从反渗透的过程看到，由于压力的作用，溶液中的水分子进入纯水中，纯水量增加，而溶液本身被浓缩。

三、实验装置

系统工艺流程：原水箱 → 原水泵 → 多介质过滤器 → 活性炭过滤器 → 软化器 → 精密过滤器 → 一级高压泵 → 一级 RO 装置 → 原水箱 → 用水点。

本系统工艺分为预处理系统、反渗透系统和后处理系统。多介质过滤器、活性炭过滤器及软化器等预处理设备为反渗透设备提供合格的进水，保证反渗透系统的正常运行，反渗透系统的出水达到要求后再供给 CEDI 装置，以保证出水水质达到使用要求。

预处理系统包括：原水箱、原水泵、多介质过滤器、活性炭过滤器、软化器等，预处理系统为一体式设备。

反渗透系统包括：保安过滤器、一级高压泵、一级（RO）装置、控制仪表等。

后处理系统包括：UP 纯化器、精密过滤器、纯水箱等。

四、实验步骤

1. 过滤器的操作

多介质过滤器在操作之前，应先检查过滤的进水压力是否达到 0.2MPa 以上。在初次使用之前还应将过滤器中滤料进行彻底的正反冲洗，至出水清澈才能投入使用，以去除其中的泥砂。过滤器顶部的控制阀上标有三个工位，分别为：BACEWASH——　反洗；FASTWASH——　正洗；FILLTER——过滤。

（1）过滤开始时首先要将过滤器内的气体排出，然后手柄在"FILLTER"处即可。

（2）反冲洗过滤 1 至 2 天后，要进行反冲洗，此时只需将手柄箭头扳至"BACKWASH"处即可，反冲洗的目的是去除过滤后滤层中积存的悬浮物，重新恢复过滤能力。反冲洗的时间周期为 12～24h，此过滤器采用原水进行冲洗。

（3）正冲洗在反洗之后，应将设备进行正冲洗，至出水清澈为止，此时将手柄扳至"FASTWASH"处即可。

2. 软水器的操作

（1）运行原水在一定的压力和流量下，流经装有 Na^+ 型阳离子交换树脂的容器（软化器），树脂中的可交换离子 Na^+ 与水中的 Ca^{2+}、Mg^{2+} 离子进行置换，使出水中的 Ca^{2+}、Mg^{2+} 离子含量达到要求。手柄在"FILLTER"处即可。

（2）反洗当钠离子交换树脂中的 Na^+ 全部被 Ca^{2+}、Mg^{2+} 置换后，树脂就失效了。失效后，在进行再生之前先用水自下而上进行反洗，反洗的目的有两个：一是通过反洗，使运行中压紧的树脂层松动，有利于树脂颗粒与再生液充分接触；二是清除运行时在树脂层表面积累的悬浮物及破碎树脂颗粒，这样，交换器的阻力不会越来越大。此时只需将手柄箭头扳至"BACKWASH"处即可。

（3）再生在使用一段时间后，将树脂移至体外，用工业盐按 1：120 的盐耗配制浓盐水，放置于一个容器内，将树脂放入其中进行浸泡 2～3 小时，将树脂还原再生，使其恢复原有的交换能力。

（4）置换在浸泡时间完成后，用大量的清水进行清洗。目的是不使清水与再生液产生混合，一般清洗水量为树脂体积的 0.5～1 倍，当用口品尝树脂冲洗后的水无咸味及涩味时即可停止漂洗，将树脂装入罐体中。

（5）正洗目的是清除树脂层中残留的再生液及再生时的生成物，通常以正常运行流速清洗至出水合格为止，此时将手柄扳至"FASTWASH"处即可。

本装置中多介质过滤器在试运行时或正式运行后，应按以下内容调整：

处理量：设计处理流量 1.5m³/h，设计流速 8～12m/h。

连续运行时间：系统的设计运行时间 12—24h，随后应对多介质过滤器进行反洗；并应依据季节不同、水质的变化等调整反洗周期，确保出水浊度小于 4 度。一般当多介质过滤器进出压差达 0.05MPa 时，就应反洗。

反洗流量：反洗的目的在于使石英砂反向松动，并将滤层上所截留的污染物冲走，达到清洁滤层的作用。通常控制反冲洗流速在 30m/h 左右，以滤料不被冲跑为宜。

反洗时间：反洗时间的长短和填料层的截污量有关。反冲洗时间可根据反冲洗排水浊度而定。一般情况下反冲洗浊度应小于 4NTU，即 4 度，且时间不少于 5min，可根据运行情况进行适当调整。

正洗流量：正洗流量可控制在 4m³/h 左右。

正洗时间：按正洗出水浊度在 4 度左右，通常正洗 3min 左右。

石英砂及活性炭等滤料的添加：由于运行摩擦、反洗少量跑料，填料层会逐渐减少，大约每半年会降低 100～200mm，每半年添加一次。

五、数据处理与注意事项

1. 数据处理

表 1　实验数据记录

编号	进水量	出水量	电导率

2. 注意事项

（1）本实验开机前务必检查电源插头，确保实验安全；

（2）取水前要进行反洗，大概 1min 左右；

（3）根据需要控制水的进水量，达到不同的电导率值。

六、思考题

（1）何为硬水？净化水的目的是什么？

（2）简述多介质过滤器、活性炭过滤器、反渗透系统的工作原理。

（3）目前净化水主要有哪些，其原理是什么？

实验二十二　　多功能膜分离实验

为什么?

膜分离是在20世纪初出现，20世纪60年代后迅速崛起的一门分离新技术。膜分离技术由于兼有分离、浓缩、纯化和精制的功能，又有高效、节能、环保、分子级过滤及过滤过程简单、易于控制等特征。目前已广泛应用于食品、医药、生物、环保、化工、冶金、能源、石油、水处理、电子、仿生等领域，产生了巨大的经济效益和社会效益，已成为当今分离科学中最重要的手段之一。

一、实验目的

(1) 了解超滤膜组件的结构及其工作原理，加深对超滤膜组件的理解；

(2) 掌握超滤膜组件分离的工作原理及操作过程；

(3) 学会分析流量、压力等因素对超滤膜组件分离效果的影响。

二、基本原理

超滤膜过滤其实是一个筛分的过程，它的驱动力是膜两侧的压力差，超滤膜为过滤介质。实现对原液的净化、分离和浓缩的目的是通过在一定的压力下，当原液流过膜表面时，超滤膜表面密布的许多细小的微孔只允许水及小分子物质通过而成为透过液，而原液中体积大于膜表面微孔径的物质则被截留在膜的进液侧，成为浓缩液。每米长的超滤膜丝管壁上约有60亿个 $0.01\mu m$ 的微孔，其孔径只允许水分子、水中的有益矿物质和微量元素通过，而最小细菌的体积都在 $0.02\mu m$ 以上，因此细菌以及比细菌体积大得多的胶体、铁锈、悬浮物、泥沙、大分子有机物等都能被超滤膜截留下来，从而实现了净化过程。在单位膜丝面积产水量不变的情况下，滤芯装填的膜面积越大，则滤芯的总产水量越多。

其计算公式为：

$$S_{内} = \pi dL \times n \qquad (22-1)$$

$$S_{外} = \pi DL \times n \qquad (22-2)$$

其中：$S_内$ —— 膜丝总内表面积，d —— 超滤膜丝的内径；

$S_外$ —— 膜丝总外表面积，D —— 超滤膜丝的外径；

L —— 超滤膜丝的长度；

n —— 超滤膜丝的根数。

超滤膜组件选型：

本实验中的超滤膜组件选用的是专业膜组件制造商海德能成型的 HUF —90 超滤膜组件，其特点为：内外表面是一层极薄的双皮层滤膜，滤膜在整张膜表面上的孔径结构并不相同。不对称超滤膜具有一层极其光滑且薄（0.12 微米）的孔径在不同切割分子量的内外双层表面上，此内外双层表面由孔径达 16 微米的非对称结构海绵体支撑层支撑，整根膜丝依靠小孔径光滑膜表面和较大孔径支撑材料结合，从而使过滤细微颗粒的流动阻力小并且不易堵塞，这种独特的成型结构性能使得污染物不会滞留在膜内部形成深层污染。

三、实验装置

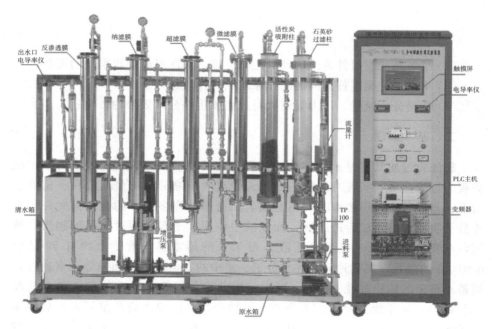

图 22 - 1　实验装置图

1. 装置组成

本实验装置主要由对象系统、控制系统和上位机监控系统组成。对象系统主要由原水箱、清水箱、过滤装置、流量计、进料泵、增压泵、电磁阀、管道阀门、等组成，过滤装置包括反渗透膜、超滤膜、纳滤膜、微滤装置、活性炭吸附器、粗滤器。控制系统主要由触摸屏、PLC、三菱变频器、电导率仪、高低压电气元器件等组成。上位监控系统的设计是以三维力控工控组态软件为平台进行的，可在线控制水泵、电磁阀的开关及查看温度、压力的实时数据。

2. 装置工艺流程

实验装置中原水箱1的水由进料泵3经过电导率仪5、流量计6输送到各初滤装置石英砂过滤柱7、活性炭吸附柱8、微滤膜组件9，再经过超滤膜组件10，通过增压泵4可分别进入纳滤膜组件11和反渗透膜组件12，过滤清水经过电导率仪5到清水箱2，浓水返回原水箱1。清洗实验时，把过滤清水从清水箱2通过进料泵3及电导率仪5进入个膜组件进行清洗。装置结构如图22-2所示。

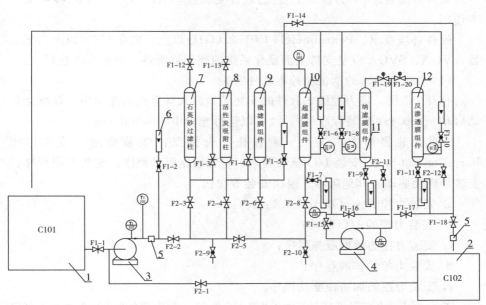

图22-2　实验流程图

1—原水箱；2—清水箱；3—进料泵；4—增压泵；5—电导率仪；6—流量计；7—石英砂过滤柱；
8—活性炭吸附柱；9—微滤膜组件；10—超滤膜组件；11—纳滤膜组件；12—反渗透膜组件

3. 装置参数

(1) 装置外形尺寸：对象 $2100mm \times 650mm \times 2200mm$（长×宽×高），控制柜 $600mm \times 600mm \times 1800mm$。

(2) 原水箱：不锈钢材质，长×宽×高＝$800mm \times 400mm \times 700mm$。

(3) 清水箱：不锈钢材质，长×宽×高＝$400mm \times 400mm \times 700mm$。

(4) 石英砂过滤柱：有机玻璃材质，$\varphi110mm \times 1050mm$。

（5）活性炭吸附柱：有机玻璃材质，$\varphi 110\,mm \times 1050\,mm$。

（6）微滤膜组件：膜壳采用不锈钢制成，$\varphi 90\,mm \times 1050\,mm$。

（7）膜组件：超滤膜、纳滤膜、反渗透膜全部从专业厂家采购的成品膜组件。

（8）立式多级离心泵：电压380V，扬程112m，功率1.5kW，流量$2m^3/h$。

（9）卧式多级离心泵：电压380V，扬程28m，功率0.55kW，流量$2m^3/h$。

（10）流量计：液体流量计 $4 \sim 36L/min$。

（11）在线电导率仪：$0 \sim 2000\mu s/cm$。

4. 监控工程

上位监机控软件的使用说明

软件环境要求："力控6.1"组态软件安装在 WIN2000/WINXP 操作系统下使用。

硬件环境要求：Pentium(R)4 CPU 2.0GHz以上，内存512M以上，显示器：VGA、SVGA 以及支持桌面操作系统的图形适配器，显示 256 色以上。

（1）有组态要求的上位监控机软件安装

打开 PC 机，将力控组态软件的安装光盘放入计算机的光驱中，系统会自动启动 setup. exe 安装程序（注：也可以运行光盘中的 setup. exe）。

在此安装界面中，左面一列按钮，分别是：安装指南、安装力控 ForceControl 6.1、安装 I/O 驱动程序、安装数据服务程序、安装扩展程序、安装加密锁驱动、其他版本、退出安装等按钮。

a. 安装力控 ForceControl 6.1；

b. 安装力控的 I/O 驱动；

c. 安装力控的数据服务程序；

d. 安装力控的扩展程序；

e. 安装力控的加密锁驱动程序。

然后再点击"工程管理器"中的"搜索"按钮，在出现的"浏览文件夹"窗口中选中本实验装置的配套监控工程"THCEMF－1"；点击"确定"按钮，在"工程管理器"中添加"THCEMF－1"条目；调整计算机显示器的分辨率为：1280×1024，选中"THCEMF－1"条目，再点击"工程管理器"中的"运行"按钮，进入监控工程运行界面。

（2）无组态要求的上位监控机软件安装

上位监控机无组态要求时，不需要安装力控软件，直接安装实验装置配套的监控工程软件即可。

步骤：运行配套光盘 Pcauto 目录下的 setup. exe，执行工程安装。安装完毕后，运行可执行文件即可对实验装置进行监控。

（3）通讯的使用

用三菱 PLC 通讯线将控制柜上的三菱 PLC 连接至计算机串口 COM1，将力控加密狗安装好（注意，不要带电操作）。

四、实验步骤

1. 准备工作

（1）连接好入水管，打开自来水阀门，使原水箱中充满水。

（2）用通讯线连接 PLC 与电脑。

（3）运行上位机监控工程软件，进入系统界面。

2. 实验操作

（1）预习超滤膜组件分离的原理，熟悉超滤膜组件分离过滤实验的各道工序及其作用，掌握好各道工序之间的管道布置与连接。

（2）确定所有管道开闭情况：首先打开超滤膜组件管道上的所有进出水阀门及清水浓水出水阀，并确定纳滤膜组件、反渗透膜组件及反冲洗管道的进水阀处于关闭状态，具体操作步骤为：打开阀1－1、1－2、1－3、1－4、1－5、1－6、1－7、1－12、1－13、1－16、1－18，其余阀门全部关闭。

（3）运行动力系统：先确认阀门开闭状况无误后，在控制柜中打开三相空开，电压表显示 380V，打开触摸屏（在触摸屏中可查看各实验流程）、PLC 开关，这时 PLC 运行指示灯亮，运行上位机监控工程软件，进入系统界面，点击进料泵"开"按钮，离心泵运行，使用流量计调节阀调节流量变化，并控制适当流量致使从清水管道流出的超滤水流量适中。具体操作步骤为：运行离心泵，可以观察到石英砂过滤柱进水管的进水和溢流管的出水，等到石英砂过滤器的溢流管出水稳定时就关闭阀门1－12，这时可以观察到活性炭吸附柱进水管的进水和溢流管的出水，等到活性炭吸附柱的溢流管出水稳定时关闭阀门1－13，就可以观察到超滤装置清水（阀1－7对应的流量计）和浓水（阀1－6对应的流量计）出水、流量等现象，这时阀1－16、1－18的清水出水管流出的是超滤水，从阀1－6流出的是超滤装置的浓水，这时我们可以调整阀1－6和1－7以调整超滤水的出水流量。

（4）流量、压力对超滤膜组件分离能力的影响：通过调节超滤膜组件管道上的流量调节阀（浓水流量调节阀1－6和超滤水流量调节阀1－7），并观察记录超滤膜组件内部相应的压力变化，并在相应的流量压力下超滤水电导率记录于表1，最后就可以定性的分析不同的流量压力对超滤膜组件分离能力的影响。

（5）实验装置的停止：实验结束关闭动力系统之前必须先将超滤浓水出水阀1－6开到最大，然后在缓慢打开溢流管上的阀1－12和1－13，最后在上位机监控软件点击"关"按钮和控制柜总电源。

五、数据处理与注意事项

1. 数据处理

对于流量、压力对超滤膜组件分离能力的影响，我们可以通过表1的数据进行定性的分析流量压力对超滤膜组件的分离能力的影响。虽然从理论上来说，流量压力越大，超滤膜的分离能力就越强，但是考虑到每支超滤膜组件都有其最高的抗压能力，所以我们做实验时不能无限制地加大超滤膜组件的工作压力(本实验取 $0.04 \sim 0.1 \text{MPa}$)，以免出现损坏超滤膜组件的现象。

表1　流量压力对超滤膜组件分离能力的影响分析实验记录表

进水流量	进水压力	浓水压力	清水流量	浓水流量	清水电导率

2. 注意事项

(1)实验前必须严格检查各个管道阀门的开关状况，确定各个阀门的开关状况处于正确状态后方可运行动力系统，以最大程度避免出现有机玻璃柱顶盖爆开、管道爆裂，甚至损坏离心泵的现象。

(2)实验过程中给超滤膜供水应严格控制流量，开始时流量不宜过大，流量调节时要密切关注超滤膜组件内部的压力变化，保证超滤膜组件在正常的工作范围之内，从而确保超滤膜组件不受损坏。

(3)实验结束后在超滤膜组件内存留部分水，能避免超滤膜组件干藏而受到不必要的损坏。

(4)应对超滤膜组件进行定期的冲洗维护，从而延长其使用寿命。

六、思考题

(1)简述超滤膜组件的组织结构及其工作原理；

(2)试述超滤膜组件分离实验的操作流程及其注意事项；

(3)简单分析影响超滤膜组件分离过滤效果的因素；

(4)试比较超滤膜组件分离过滤与微孔过滤的异同；

(5)试设计超滤膜组件对不同水溶液截留能力与脱盐能力大小的分析性实验。

实验二十三　　双氧水催化（丙烯环氧化）实验

一、实验目的

（1）了解以丙烯为原料、TS—1 为催化剂，在固定床单管反应器中制备环氧丙烷的工艺流程。

（2）掌握双氧水催化（丙烯环氧化）实验操作条件对产物收率和双氧水转化率的影响，学会获取稳定的工艺条件的方法。

（3）掌握催化剂的填装和使用方法。

二、实验装置与流程

本装置适用于气、液、固三相催化反应。将双氧水与甲醇按一定质量比混合配制成反应料液，放入原料储罐，经平流泵进入反应器的预混段。丙烯气体自钢瓶减压后经缓冲器，由气体质量流量计控制一定流量后也进入反应器的预混段。在反应器的预混段中，丙烯与双氧水的甲醇溶液混合后进入固定床的催化剂床层，在 TS—1 催化剂床层上发生丙烯环氧化反应，生成环氧丙烷。反应后的产物经气液分离器进行气、液分离，分离后的气体经管式冷凝器将其中的低沸点蒸气冷凝，其他的不凝性气体经流量计计量后放空；分离后的液体经管式冷却器冷却后，进行收集。反应器是等温式固定床反应器，它以泵入外部恒温水槽热水的供热方式控制反应温度，因此通过调节恒温水槽循环水的温度可改变反应器的反应温度。反应系统的压力由背压阀精确控制。装置流程见图 23-1。

三、实验原理和方法

1. 双氧水催化（丙烯环氧化）实验的原理

用双氧水催化环氧化丙烯得到环氧丙烷和水，是在甲醇溶剂中进行的。该反应是在 TS—1 催化剂床层上进行的放热反应。主反应的主要机理如下：

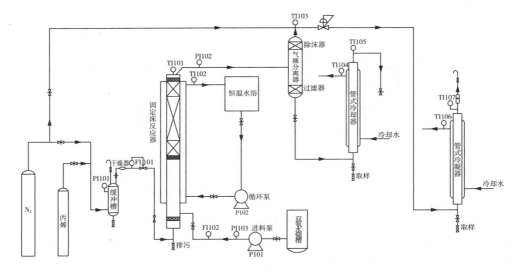

图 23-1 装置流程图

① $H_2O_2 + Ti \rightarrow Ti\langle O\rangle + H_2O$

② $Ti\langle O\rangle + C_3H_6 \rightarrow Ti + C_3H_6O$

③ $Ti\langle O\rangle + H_2O_2 \rightarrow Ti + O_2 + H_2O$

副反应：

$$CH_3CH{-}CH_2 \quad + \quad H_2O \quad \longrightarrow \quad CH_3CH(OH)CH_2OH$$

$$CH_3CH{-}CH_2 \quad + \quad CH_3OH \quad \longrightarrow \quad CH_3CH(OH)CH_2OCH_3$$

H_2O_2 的转化率：

$$X_{H_2O_2} = \frac{w_{H_2O_2} - w'_{H_2O_2}}{w_{H_2O_2}} \times 100\% \qquad (23-1)$$

式中：$X_{H_2O_2}$ —— 过氧化氢的转化率，%；

$w_{H_2O_2}$ —— 反应前 H_2O_2 的质量分数，%；

$w_{H_2O_2}$ —— 反应后 H_2O_2 的质量分数，%。

C_3H_6O 的选择性：

$$S_{PO} = \frac{n_{PO}}{n_{PO} + n_{NME} + n_{PG}} \times 100\% \qquad (23-2)$$

式中：S_{PO} —— C_3H_6O 的选择性，%；

n_{PO} —— 反应后 C_3H_6O 的物质的量，mol；

n_{NME} —— 反应后丙二醇单甲醚的物质的量，mol；

n_{PG} —— 反应后丙二醇的物质的量，mol。

2.间接碘量法测定过氧化氢浓度的原理

间接碘量法是先在待测过氧化氢溶液中加入碘化钾，待测过氧化氢溶液将碘化钾氧化析出定量的碘，碘再用硫代硫酸钠滴定液滴定，从而可求出待测过氧化氢组分含量。本部分的具体实验操作是：用移液管准确移取 2mL 待测过氧化氢溶液，置于 250mL 的锥形瓶中；加入 2mol/L 的硫酸溶液 2～7mL 进行酸化；加入 10% 的碘化钾溶液 3～8mL；滴入 30g/L 钼酸铵溶液 3～5 滴；再加入 1% 的淀粉溶液 1mL，用 0.1000mol/L 的硫代硫酸钠标准溶液进行滴定，兰色消失即为终点。该滴定反应的离子方程式为：

$$H_2O_2 + 2I^- + 2H^+ = I_2 + 2H_2O$$

$$I_2 + 2S_2O_3{}^{2-} = S_4O_6{}^{2-} + 2I^-$$

过氧化氢的浓度 w 计算公式为：

$$w = \frac{34.016 \times C \times V}{2 \times m \times 1000} \times 100 \tag{23-3}$$

式中：w—— 过氧化氢的浓度，%；

C—— 硫代硫酸钠溶液的浓度，mol/L；

V—— 所用硫代硫酸钠溶液的体积，mL；

m—— 被测样品的质量，g。

3.产物的分析

用甲醇、环氧丙烷、丙二醇单甲醚及丙二醇的标准液在气相色谱仪中打出标准谱图，再对实验产物的含量进行校准。上述实验数据分析柱采用的是毛细管柱(PEG－20M 30×0.32×1.0)。操作条件如下：氮气做载气，进行氢火焰。输入压力 0.3MPa、柱前压 0.08MPa、氢气压力 0.2MPa、空气压力 0.03MPa。设置柱温 80℃，进样 100℃，检测 100℃。

四、实验操作步骤及注意事项

(1) 按实际双氧水的浓度与甲醇(分析纯)配制成双氧水含量为 1.5% 的溶液 1000g，放入双氧水储槽中，并与双氧水进料泵连接。

(2) 将气体质量流量显示仪打至关闭位置，打开氮气气瓶开关，把氮气气源压力控制在 0.3MPa；逆时针旋转背压阀到底。全打开阀门 F1、阀门 F2、阀门 F3、阀门 F4、阀门 F5、阀门 F6、阀门 F7、阀门 F8、阀门 F9 和阀门 F10，向装置中通入氮气来置换装置中的空气，置换 15min 后，关闭所有阀和氮气气瓶开关。

(3) 打开氮气气瓶开关，把氮气气源压力控制在 0.3～0.5MPa，全开阀门 F4 和阀门 F6,全关阀门 F1、阀门 F3、阀门 F5、阀门 F8、阀门 F10。通过调节背压阀、阀门 F7 和阀门 F9,维持尾气流量在 200mL/min 左右,同时维持固定床反应器的压力在 0.4MPa 左右。

(4) 打开丙烯气气瓶开关,把丙烯气气源压力控制在 0.4~0.5MPa,全开阀门 F2,开启气体质量流量显示仪的开关后,气体质量流量显示仪的面板上流量显示为零,开机预热 15min。

(5) 开启恒温水槽上的电源开关。按"SET"设定功能键设定温度在 48℃,开启循环按键。当反应器温度达到 48℃ 左右后,将气体质量流量显示仪打至阀控位置,然后调节气体质量流量显示仪面板上的设定电位器,控制丙烯流量在 60mL/min,开始加入已校正好流量的丙烯。

(6) 开启双氧水进料泵上的电源开关,按"F"设定双氧水的流量在 4.6mL/min,按"RUN",加入双氧水。

(7) 反应开始 20min 后,打开阀门 F8 进行取样。用间接碘量法测定过氧化氢浓度;同时用气相色谱仪分析其样品组成。

(8) 间隔 20min 后,从阀门 F8 处再取样分析一次。

(9) 改变实验条件,重复实验。实验的条件范围:反应器温度控制在 30~60℃,反应器压力范围常压~0.5MPa,丙烯流量控制在 30~150mL/min,双氧水进料泵的流量控制在 2.5~20mL/min。反应物进料中丙烯与过氧化氢的摩尔比应在 1.6~2.0。

(10) 反应结束后,停止加双氧水、丙烯气和氮气,放出物料;降温并缓慢将压力释放。在温度降至 40℃ 左右,压力表的压力为零时,全打开阀门 F1、阀门 F2、阀门 F3、阀门 F4、阀门 F5、阀门 F6、阀门 F7、阀门 F8、阀门 F9 和阀门 F10。通入 0.3MPa 的氮气吹扫系统 30 分钟并进行充氮气保护。

(11) 结束实验,整理实验室。

注意事项:

(1) 实验前做好密封性试验(装置检漏);工作过程中,保证通风良好。

(2) 本装置使用的物料性质具有易燃易爆或是强氧化性,所以在使用化学物质时,请采用恰当的保护设施或人身保护。

(3) 熟悉装置流程,然后再进行操作;实验操作时,不得单独一人操作;实验过程中人不要离开实验现场。

(4) 实验过程中如有漏气等现象,应立刻停止加热,停止实验。严禁在有压力时,扭动螺母。

(5) 样品取样分析时,先将注射器用样品清洗 5~6 次。

(6) 实验时,应将尾气管通到室外。

(7) 实验室内严禁明火。

五、实验报告

（1）计算不同实验操作条件下产物的收率和双氧水的转化率；

（2）对得到的实验结果进行分析讨论。

六、思考题

（1）流量、温度和压力对双氧水催化(丙烯环氧化)实验的影响如何？

实验二十四　　三相流化床实验

一、实验目的

流化床反应器是有机化工、精细化工和石油化工等部门的主要实验设备之一，在反应工程、催化工程、化工工艺、生化工程及环境保护专业中使用广泛。本实验装置可进行加氢、脱氢、氧化、卤化、芳构化、烃化、歧化、氨化等各种催化反应的科研与教学工作。可准确的测定和评价催化剂活性、寿命，找出最适宜的工艺条件，同时也能测取反应动力絮儿和工业放大所需数据，是化工研究方面不可缺少的手段。

二、实验装置组成及技术参数

1. 装置组成

本实验主要由实验装置系统和上位机监控软件组成。实验装置主要由预热器、反应器、冷凝器、气液分离器、进料泵、压力表、转子流量计、湿式气体流量计、管道阀门、热电偶、实验台及电控箱等组成。上位机监控软件是以三维力控工控组态软件为平台进行设计，可在线实时监控装置运行及对数据的采集。

表 1　装置主要组成及参数

序号	仪器设备名称	技术参数	数量
1	装置框架	钢制喷塑，$1600\,mm \times 600\,mm \times 1815\,mm$	1 套
2	预热器及加热炉	不锈钢，$\varphi 300 \times 450\,mm$，加热功率 1kW	1 台
3	流化床及加热炉	不锈钢，$\varphi 300 \times 500\,mm$，加热功率 4.5kW，内置防沟流器件	1 台
4	干燥器	不锈钢，$\varphi 40 \times 280\,mm$，内置干燥剂	3 台
5	气液分离器	不锈钢，$\varphi 60 \times 150\,mm$	1 台
6	冷凝器	不锈钢，$\varphi 32 \times 400\,mm$	1 台
7	液体进料泵	恒流泵	1 台
8	湿式气体流量计	$LML-2$，额定流量 $0.5m^3/h$	1 台

2. 装置技术参数

(1) 预热器使用温度：常温 ～ 500℃；

(2) 进气流量：50 ～ 500 mL/min；

(3) 最大使用压力：0.2 MPa；

(4) 反应器使用温度：常温 ～ 650℃；

(5) 催化装填量：10 ～ 150 mL。

三、实验工艺流程

装置流程如图 24-1 所示，实验装置中原料液由计量泵向预热器中加料，气体原料由气体钢瓶直接提供，经流量计计量，经汽化器气化后，进入到反应器中反应，最后经冷凝器冷凝后进入到气液分离器中，尾气再次经冷凝器冷凝后，经湿式气体流量计排出室外。另催化剂可采用空气复活。

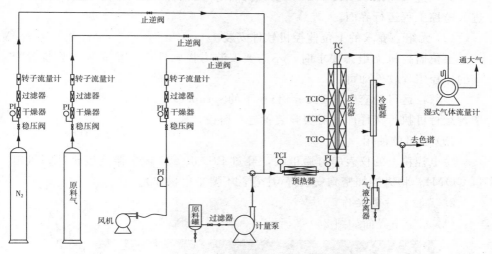

图 24-1　装置流程示意图

四、监控工程

上位机监控软件的使用说明

软件环境要求："力控 6.1"组态软件安装在 WIN2000/WINXP 操作系统下使用。

硬件环境要求：Pentium(R)4 CPU 2.0GHz 以上，内存 512M 以上，显示器：VGA、SVGA 以及支持桌面操作系统的图形适配器，显示 256 色以上。

(1) 有组态要求的上位监控机软件安装

打开 PC 机，将力控组态软件的安装光盘放入计算机的光驱中，系统会自动启动 setup. exe 安装程序(注：也可以运行光盘中的 setup. exe)。

在此安装界面中，左面一列按钮，分别是：安装指南、安装力控 ForceControl 6.1、安装 I/O 驱动程序、安装数据服务程序、安装扩展程序、安装加密锁驱动、其他版本、退出安装等按钮。

a. 安装力控 ForceControl 6.1；

b. 安装力控的 I/O 驱动；

c. 安装力控的数据服务程序；

d. 安装力控的扩展程序；

e. 安装力控的加密锁驱动程序。

然后再点击"工程管理器"中的"搜索"按钮，在出现的"浏览文件夹"窗口中选中本实验装置的配套监控工程"THCPLH－1"。点击"确定"按钮，在"工程管理器"中添加"THCPLH－1"条目。调整计算机显示器的分辨率为：1280×1024，选中"THCPLH－1"条目，再点击"工程管理器"中的"运行"按钮，进入监控工程运行界面。

（2）无组态要求的上位监控机软件安装

上位监控机无组态要求时，不需要安装力控软件，直接安装实验装置配套的监控工程软件即可。

步骤：运行配套光盘 Pcauto 目录下的 setup.exe，执行工程安装。安装完毕，运行可执行文件即可对实验装置进行监控。

（3）通讯的使用

将电控箱上的仪表串口通讯线，经过 RS232/485 转换器连接至计算机串口 COM1，将力控加密狗安装好（注意，不要带电操作）。

2. 监控软件的操作

（1）系统主界面如图 24－2 所示。

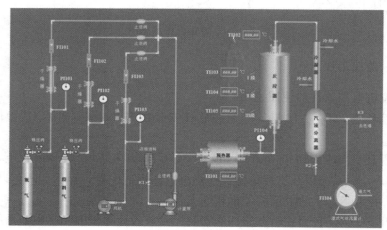

图 24－2　系统主界面

（2）数据采集界面：采集反应温度及反应压力等数据，如图 24-3 所示。

数据采集

系统时间	预热器温度 TI101 (℃)	反应器I段温度 TI102 (℃)	反应器II段温度 TI103 (℃)	反应器III段温度 TI104 (℃)	反应器IV段温度 TI105 (℃)	氮气流量 FI101 (ml/min)	原料气流量 FI102 (ml/min)	空气流量 FI103 (ml/min)	湿式气体流量 FI104 (L)	氮气压力 PI101 (MPa)	原料气压力 PI102 (MPa)	空气压力 PI103 (MPa)	预热器出口压力 PI104 (MPa)

图 24-3　实验数据采集表

五、设备操作

1. 催化剂的填装

拆下管式反应器，将催化剂颗粒加入到反应器中，如图 24-4 所示。

2. 系统试漏

卡死出口，在进气口用氮气或空气加压至 0.1MPa，30min 内压力不下降为合格。如下降请用肥皂水涂抹各接口处检查漏电，直至压力不降为止，方可进行实验。

注意：在试漏前首先应确认反应介质是气体还是液体或两者皆有。如仅仅是气体则关闭液体进料管路上阀，以免操作中慧聪液体进料管线部位发生漏气现象。

3. 系统加热

将各部分的控温、测温热电偶放到相应位置，检查热电偶及加热电路是否正确，正确无误后方可开启总电源和电加热开关；向冷凝器内通入冷却水；调节智能调节仪至反应所需温度（温度控制仪的使用详见 AI 智能调节仪使用说明书）。反应器为三段加热，调节仪温度应尽量设置相同，也可自行设定。

4. 加料

液体物料通过进料泵加入，气体物料由气体钢瓶直接提供，经减压阀减压至 0.5MPa 经流量计计量加入。所有加入物料经预热器加热后进入到反应器中。如反应物与空气中的氧气会发生副反应，可在加料之前先通入氮气置换系统中的空气。当预热器达到要求温度，反应器温度不低于反应所需温度

100℃，方可进料，继续升温至反应所需温度稳定一段时间后，方可取样分析。

加料流量根据催化剂的空速及催化剂的装填量来确定。进料泵的进料流量可通过式（24-1）计算得出。

进料量：$V = \alpha n$ （24-1）

式中：V——流体的体积流量，mL/min；

α——泵每 1 转的体积流量，mL/r。可粗略取 $\alpha = 0.2$ mL/r；

n——泵的转速，r/min。

注意事项：

（1）如需精确计量液体进料量，可对泵进行流量校准。计量一段时间内的体积流量。

（2）随时观察气液分离器中的液位高度，以免液位过高使气体带出部分液体。

（3）改变反应温度时需稳定一段时间后方可采样分析。采样前，应排出过渡段反应产物。

5. 停车

当反应结束后停止加料（液体），关闭电加热，继续通入气体，待反应器温度降低到300℃以下时方可关闭气体(具体视催化剂的要求而定)。关闭冷却水，断开电源。

六、注意事项

（1）操作前，必须熟悉装置的流程及使用方法，严禁盲目操作。

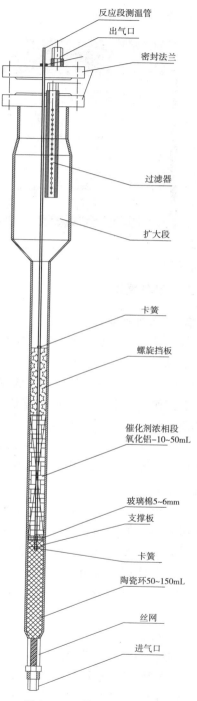

图 24-4   催化剂填装图

（2）升温操作中尽量保持反应温度由低到高的过程进行反应，防止忽高忽低影响加热器使用寿命。

（3）要随时观察及时调节转子流量计的流量，以免流量不稳。

（4）定期对各种仪表、传感器进行检测，以保证其准确可靠的工作，设备的工作环境应符合安全技术规范要求。

（5）装置长期停用时，应将湿式气体流量计中的水排净，将反应器中的催化剂排出并清洗擦净，并存放在清洁干燥通风的地方。

（6）长期停用后再次使用时，需在低电压下通电加热一段时间以除去加热炉保温材料吸附的水分。

实验二十五　　化工常用设备拆装

一、实验目的

(1)掌握常用机械工具的使用；

(2)熟悉化工常用设备的结构；

(3)了解基本的拆卸和组装过程。

二、基本原理

(1)常用工具的使用：台虎钳、活动扳手、内六角扳手、一字头螺丝刀、十字头螺丝刀、钳、尖嘴钳、榔头，如图25-1所示。

(2)常用的配合结构：内外螺纹配合、过盈配合、间隙配合、轴承配合、铰链配合。

a)

b)

c)

d)

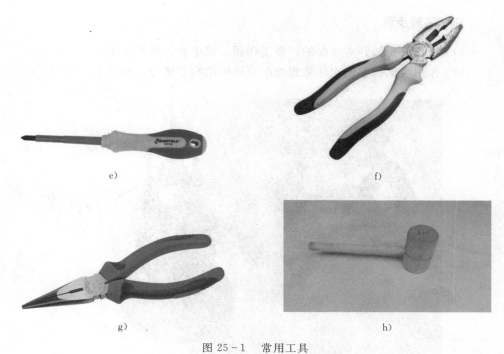

e)　　　　　　　　　　　f)

g)　　　　　　　　　　　h)

图 25-1　常用工具

三、实验装置

自来水闸阀，如图 25-2 所示。

图 25-2　自来水闸阀

四、实验步骤

（1）工作前要做好劳动保护，穿工作服、戴手套、戴护目镜；

（2）先用活动扳手依次卸除螺纹配合件中的六角螺母，如图 25-3 所示；

图 25-3　卸除六角螺母步骤

（3）根据右手螺旋定则用手按照逆时针方向旋除螺旋阀杆，如图 25 - 4 所示；

图 25 - 4　旋除螺旋阀杆

（4）移除阀盖；

（5）用手或尖嘴钳小心拿出阀芯，如图 25 - 5 所示；

图 25 - 5　阀芯

（6）逐个列表记载零件名称和个数，如图 25-6 所示；

图 25-6　各个零件

（7）绘制自来水闸阀装配图；

（8）重新依次装配复原自来水闸阀。

五、数据处理与注意事项

填写拆卸零件明细表

序号	代号	名称	数量	材料	备注
1					
2					
3					
4					
5					
6					
7					

六、思考题

（1）拆卸工作前为什么要戴手套？

（2）如何判断螺纹是左旋还是右旋？

（3）闸阀是如何实现开启和关闭阀门的？

图书在版编目(CIP)数据

化工专业综合实验/金俊成主编.—合肥:合肥工业大学出版社,2017.6
(2020.8 重印)

ISBN 978－7－5650－3105－2

Ⅰ.①化…　Ⅱ.①金…　Ⅲ.①化学工业—化学实验　Ⅳ.①TQ016

中国版本图书馆 CIP 数据核字(2016)第 291656 号

化工专业综合实验

主　编　金俊成		责任编辑　马成勋	
出　版	合肥工业大学出版社	版　次	2017 年 6 月第 1 版
地　址	合肥市屯溪路 193 号	印　次	2020 年 8 月第 2 次印刷
邮　编	230009	开　本	710 毫米×1000 毫米　1/16
电　话	理工图书编辑部:0551－62903200	印　张	9.5
	市 场 营 销 部:0551－62903198	字　数	168 千字
网　址	www.hfutpress.com.cn	印　刷	安徽联众印刷有限公司
E-mail	hfutpress@163.com	发　行	全国新华书店

ISBN 978－7－5650－3105－2　　　　　　　　　　定价：22.00 元

如果有影响阅读的印装质量问题,请与出版社市场营销部联系调换。